应用型本科院校“十二五”规划教材

C语言程序设计项目化教程

主 编 樊为民 唐红雨

南京大学出版社

图书在版编目(CIP)数据

C语言程序设计项目化教程 / 樊为民，唐红雨主编.
—南京：南京大学出版社，2015.11
应用型本科院校"十二五"规划教材
ISBN 978-7-305-15975-6

Ⅰ.①C… Ⅱ.①樊… ②唐… Ⅲ.①C语言—程序设计—高等学院—教材 Ⅳ.①TP312

中国版本图书馆CIP数据核字(2015)第242077号

出版发行 南京大学出版社
社 址 南京市汉口路22号 邮编 210093
出 版 人 金鑫荣

丛 书 名 应用型本科院校"十二五"规划教材
书 名 C语言程序设计项目化教程
主 编 樊为民 唐红雨
责任编辑 单 宁 编辑热线 025-83596923

照 排 南京理工大学资产经营有限公司
印 刷 江苏凤凰通达印刷有限公司
开 本 787×1092 1/16 印张 16.25 字数 406千
版 次 2015年11月第1版 2015年11月第1次印刷
ISBN 978-7-305-15975-6
定 价 36.00元

网 址：http://www.njupco.com
官方微博：http://weibo.com/njupco
官方微信号：njupress
销售咨询热线：(025)83594756

目　录

第1章　C语言概述

C语言是一种结构化语言。它层次清晰，便于按模块化方式组织程序，易于调试和维护。C语言的表现能力和处理能力极强。它不仅具有丰富的运算符和数据类型，便于实现各类复杂的数据结构；它还可以直接访问内存的物理地址，进行位(bit)一级的操作。由于C语言实现了对硬件的编程操作，因此C语言集高级语言和低级语言的功能于一体：既可用于系统软件的开发，也适合于应用软件的开发。此外，C语言还具有效率高、可移植性强等特点，因此广泛地移植到了各种类型的计算机上，从而形成了多种版本的C语言。

1.1　任务1——认识C语言程序及VC++6.0

问　题

什么是计算机的程序？为什么要学习计算机程序设计语言？用C语言编写的程序结构是什么样子的，如何使用C语言开发环境VC++6.0编辑、编译、运行、发布一个C语言程序？

完成步骤

- 利用图书馆、网络资源，搜集关于程序、程序设计、编译、编辑、链接、计算机程序设计语言的基本概念。
- 查阅计算机程序设计的一般步骤和常用辅助工具。
- 研究C语言程序特点、C语言程序架构、组成要素。
- VC++6.0集成开发环境基本设置，菜单、信息出口、编辑窗口的使用。
- 输入并运行本章1.3节例程。

1.2　C语言的发展及特点

1.2.1　C语言的发展

C语言的发展颇为有趣。它的原型是ALGOL 60语言。

1963年，剑桥大学将ALGOL 60语言发展成为CPL(Combined Programming Language)语言。

1967年,剑桥大学的 Matin Richards 对 CPL 语言进行了简化,于是产生了 BCPL 语言。

1970年,美国贝尔实验室的 Ken Thompson 将 BCPL 进行了修改,并为它起了一个有趣的名字"B语言"。意思是将 CPL 语言煮干,提炼出它的精华。并且他用 B 语言写了第一个 UNIX 操作系统。

1973年,B语言也被人"煮"了一下,美国贝尔实验室的 Dennis M. Ritchie 在 B 语言的基础上最终设计出了一种新的语言,他取了 BCPL 的第二个字母作为这种语言的名字,这就是C语言。

为了使 UNIX 操作系统推广,1977年,Dennis M. Ritchie 发表了不依赖于具体机器系统的C语言编译文本《可移植的C语言编译程序》。

1978年,Brian W. Kernighian 和 Dennis M. Ritchie 出版了名著《The C Programming Language》,从而使C语言成为目前世界上最流行的高级程序设计语言。

1988年,随着微型计算机的日益普及,出现了许多C语言版本。由于没有统一的标准,使得这些C语言之间出现了一些不一致的地方。为了改变这种情况,美国国家标准研究所(ANSI)为C语言制定了一套 ANSI 标准,成为现行的C语言标准 3。C语言发展迅速,而且成为最受欢迎的语言之一,主要是因为它具有强大的功能。许多著名的系统软件如 DBASE Ⅲ PLUS、DBASE Ⅳ 都是由C语言编写的。用C语言加上一些汇编语言子程序,就更能显出C语言的优势了,如 PC-DOS、WORDSTAR 等就是用这种方法编写的。

1.2.2　C语言的特点

1. 简洁紧凑、灵活方便

C语言一共只有 32 个关键字,9 种控制语句,程序书写自由,主要用小写字母表示。它把高级语言的基本结构和语句与低级语言的实用性结合了起来。

2. 运算符丰富

C语言的运算符包含的范围很广泛,共有 34 个运算符。C语言把括号、赋值、强制类型转换等都作为运算符处理,从而使C语言的运算类型极其丰富,表达式类型多样化,灵活使用各种运算符,可以实现在其他高级语言中难以实现的运算。

3. 数据结构丰富

C语言的数据类型有整型、实型、字符型、数组类型、指针类型、结构体类型、共用体类型等,能用来实现各种复杂的数据类型的运算,并引入了指针的概念,使程序效率更高。另外,C语言具有强大的图形功能,支持多种显示器和驱动器,且计算功能、逻辑判断功能强大。

4. C语言是结构式语言

结构式语言的显著特点是代码及数据的分隔化,即程序的各个部分除了必要的信息交流外彼此独立。这种结构化方式可使程序层次清晰,便于使用、维护以及调试。C语言是以函数形式提供给用户的,这些函数可方便地调用,并具有多种循环、条件语句控制程序流向,从而使程序完全结构化。

5. C语言语法限制不太严格,程序设计自由度大

一般的高级语言语法检查比较严,能够检查出几乎所有的语法错误。而C语言允许程

序编写者有较大的自由度。

6. C语言允许直接访问物理地址,可以直接对硬件进行操作

C语言既具有高级语言的功能,又具有低级语言的许多功能,能够像汇编语言一样对位、字节和地址进行操作,而这三者是计算机最基本的工作单元,可以用来写系统软件。

7. C语言程序生成代码质量高,程序执行效率高

一般只比汇编程序生成的目标代码效率低10%～20%。

8. C语言适用范围大,可移植性好

C语言有一个突出的优点就是适合于多种操作系统,如DOS、UNIX,也适用于多种机型。

1.3 初步认识C语言程序

为了帮助同学们对C语言程序形成完整的认识,这里准备了一个较为完整的程序。下面的程序用来演示在C语言程序设计中使用的一般程序设计方法和基本要素。编写程序,用来从文件中读取所有的数据,并输出所读取的数的平方。

```
/*
 程序执行时在D盘的根目录下创建一个文件取名为a.dat,
 文件中输入10个数"1 3 2 4 5 6 7 8 9 10"
 程序运行时输入:Demo01.exe d:\\a.dat
 */
#include <stdio.h>          /*包含stdio.h,malloc.h,stdlib.h三个头文件*/
#include <malloc.h>
#include <stdlib.h>

#define  N 10                /*定义一个不带参数的宏N */
#define f(x) x*x             /*定义一个带参数的宏f(x)*/

int a[N],*b;                 /*定义全局变量:数组a和指针变量b*/
int input();                 /*对函数input作声明*/
void main(int argc,char *argv[])      /*主函数*/
{                            /*下面是主函数的函数体*/
    void output();           /*声明output函数*/
    int n,i;                 /*定义局部变量n,i*/
    if(argc! =2)             /*如果程序运行携带了参数,不携带参数时只有文件
                               名demo01.exe*/
    {
        printf("语法:Demo01 <filename>\n");        /*输出提示信息*/
```

```
        return ;            /* 程序运行错误，直接退出程序 */
    }
    n=input(argv[1],a);/* 调用函数 input */

  b=(int *)malloc((sizeof(int) * n));
                                          /* 为指针变量 b 申请内存空间 */
  for(i=0;i<n;i++)          /* 循环 n-1 次 */
  {
    b[i]=f(a[i]);
                  /* 把数组 a 中每个元素都求出平方值，送到数组 b 中对应位置 */
  }
  output(b,n);                /* 调用函数 output，输出所有 b 中元素 */
}
/* 下面函数的功能是把文件中的数据逐个读出，存放到数组 a 中 */
int input(char * filename,int a[])          /* input 函数的首部 */
{
    FILE * fp;                /* 定义指向文件的指针 fp */
    int i=0;              /* 定义整型变量 i，用来存放读取出来的整数的个数 */
    fp=fopen(filename,"r");     /* 调用系统函数 fopen 打开文件 filename */
    if(fp==NULL)             /* 如果打开文件失败，提示出错并退出程序 */
    {
        printf("\n 无法打开文件 %s",filename);/* 提示错误信息 */
        exit(0);              /* 调用系统函数 exit，退出程序 */
    }
    while(! feof(fp)&&i<N)   /* 当文件读取未结束时继续读取 */
    {
        fscanf(fp,"%d",&a[i++]); /* 读取文件 fp 中的一个整数放入数组 */
    }
    fclose(fp);                /* 关闭文件 */
    return (i);                /* 返回读取到得数据的个数 */
}
/* 下面函数的功能是输出数组 c 中的 n 个元素 */
void output(int c[],int n)   /* 函数 output 的首部 */
{
    int i;                    /* 定义循环用的整型变量 i */
    for(i=0;i<n;i++)              /* 循环 n 次 */
    {
        printf("%8d",c[i]);     /* 输出数组元素 c[i]的值，保留 8 位宽度 */
        if(i%10==0)             /* 每输出 10 个数据换一行 */
```

```
            printf("\n");
        }
}
```

程序输出结果为：

```
Demo01.exe d:\\a.dat <回车>
1  9  4  16  25  36  49  64  81  100
```

1.3.1 C语言程序的格式

C语言中格式书写比较自由，一行可以写多条语句，一条语句也可以书写在多行上。C语言识别大小写字母，如“A”和“a”是两个不同的字母。C语言语句后必须有分号，只有分号的语句为空语句。为了增强程序的可读性，应该避免在一行中书写多条语句，并使用锯齿形书写程序代码，还可以通过空行来增强可读性。

1.3.2 C语言程序的构成

C程序的基本结构是函数，一个或多个C函数组成一个C程序，若干个C语句构成C语言函数，若干个基本单词形成C语句。C语言中使用的函数有两类，一类是系统定义的函数，如printf和fclose等，称为标准库函数，可以直接在程序中使用。另一类是用户自己定义的函数，如demo01.c中的output()函数，必须由用户自己编写源程序代码。

函数的基本格式如下：

```
[函数类型]函数名([函数形参表])      /*函数首部*/
{                                   /*函数体*/
   [变量定义和声明语句;]
   可执行语句部分;
}
```

1.3.3 C语言程序的基本要求

1. 在整个程序文件中，函数可以出现在任意位置。主函数不一定出现在程序的开始处，但不管主函数位于程序何处，程序总是在主函数中开始，也在主函数中结束。

2. 每个程序行中的语句数量任意，既允许一行内写多条语句，也允许多条语句写在同一行上。

3. 为了对程序进行必要的描述，可以给程序进行说明，说明必须写在/*和*/之内。

1.4　软件开发方法

1.4.1　软件开发方法

20世纪60年代出现了软件危机，其现象表现为软件开发费用和精度失控，软件的可靠性差，生产出来的软件难以维护。为了解决软件危机，在60年代末期提出了软件工程的概念，并在以后不断发展、完善。与此同时，软件研究人员也在不断探索新的软件开发方法，至今已形成八类软件开发方法，主要有Parnas方法、SASA方法、面向数据结构的软件开发方法、问题分析法、面向对象的软件开发方法、可视化开发方法等。

1.4.2　算法

算法定义：算法是规则的有限集合，是为解决特定问题而规定的一系列操作。

算法的特性：算法必须具备5个基本的特性。

1. 有限性：有限步骤之内正常结束，不能形成无限循环。
2. 确定性：算法中间的每个代码行必须有确定含义。
3. 输入：可以有0个或者多个输入。
4. 输出：至少有一个输出。
5. 可行性：原则上能够精确运行，操作可以经过已经实现的基本运算通过有限次执行完成。

算法的表示方法：算法的表示方法有多种，下面介绍算法的流程图表示方法。传统的流程图由下面的几种基本框组成。使用这些框和流程线组成的流程图表示算法，形象直观，简单方便。在设计算法的时候对于整理设计思路很有帮助。

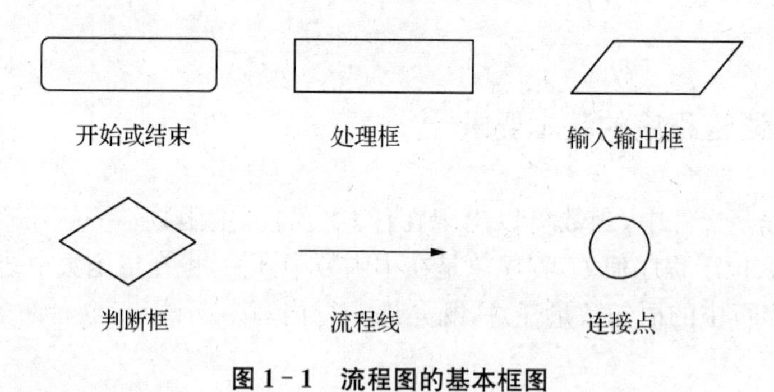

图1-1　流程图的基本框图

1.4.3　结构化程序设计

结构化程序设计的思想最早是由著名计算机科学家E. W. Dijkstra提出的。1966年，Bohm和Jacopin证明了只用三种基本结构就能实现任何一个入口、一个出口的程序；1977

年,IBM公司的Mills又进一步提出:“程序应该只有一个入口和一个出口。”在长期程序设计的实践中,结构化程序设计方法不断得以完善,使之成为开发传统应用领域应用系统的主要方法之一。

结构化程序设计由三种基本结构组成,分别是:顺序结构、选择结构和循环结构。

1. 顺序结构

顺序结构是最简单的一种结构,可以由赋值语句和输入、输出语句构成。当执行由这些语句构成的程序时,将按照这些语句在程序中的先后顺序逐条执行。流程图如图1-2(a)所示。

2. 选择结构

选择结构也称分支结构。当执行该结构中的语句时,程序根据不同的条件执行不同分支中的语句。如图1-2(b)所示。

3. 循环结构

循环结构是指根据各自的条件,使同一组语句重复执行多次或者一次也不执行。循环结构有两种形式:当型循环和直到型循环。当型循环中的循环体可能一次都不执行,而直到型循环中的循环体至少执行一次。分别如图1-2(c)和(d)所示。

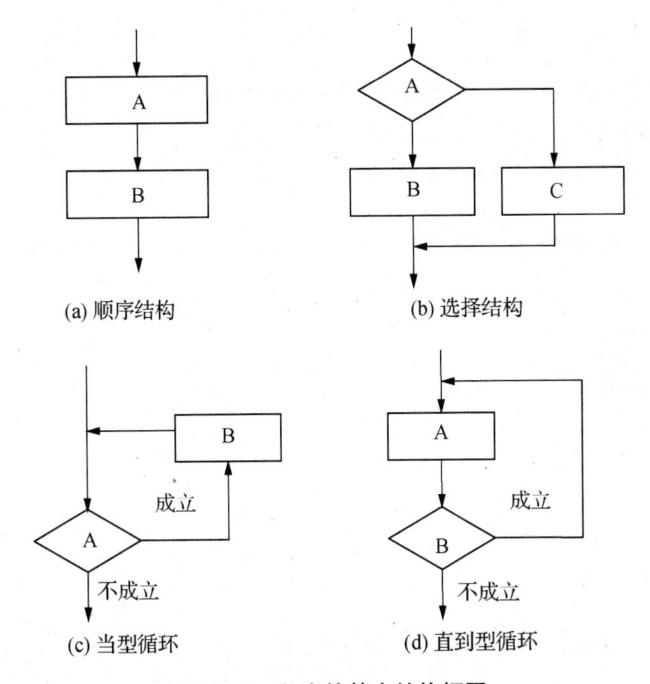

图1-2 程序的基本结构框图

1.5 C语言程序上机调试步骤和方法

本教材使用Microsoft Visual C++ 6.0作为开发工具,下面对于如何创建应用程序作个说明,步骤如下:

(1) 启动 Microsoft Visual C++ 6.0。

(2) 点击菜单上的【File】|【New】出现如图 1－3 所示的新建对话框，选择【Projects】下的【Win32 Console Application】选项，在【Project name】中输入项目名称，这里输入 Demo001，点【Location】右边的浏览按钮选择文件存放的位置。然后点 OK 按钮。

(3) 接下来点 Finish 按钮，在接着出现的对话框上点 OK 按钮，就创建好了一个空项目，如图 1－4。

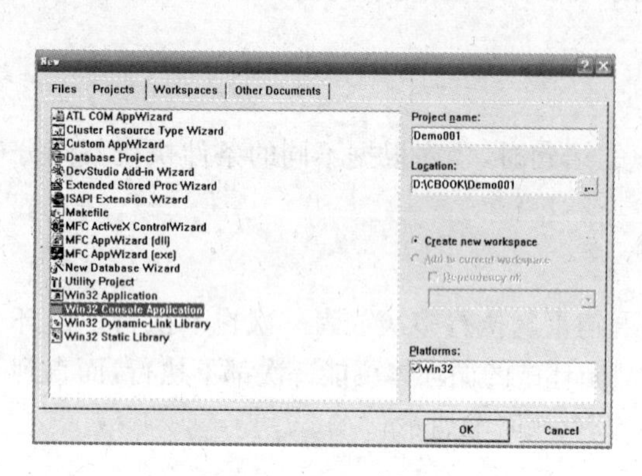

图 1－3　新建对话框

图 1－4　新建对话框结束

(4) 然后添加源代码文件。打开【New】对话框，在【Files】选项卡下选择 C++ Source File 选项，在【File】下面的文本框中输入源文件的名称，这里输入 Code01.C，然后点 OK 按钮。切记，这里输入 Code01.C 文件名时必须输入文件扩展名。如图 1－5。

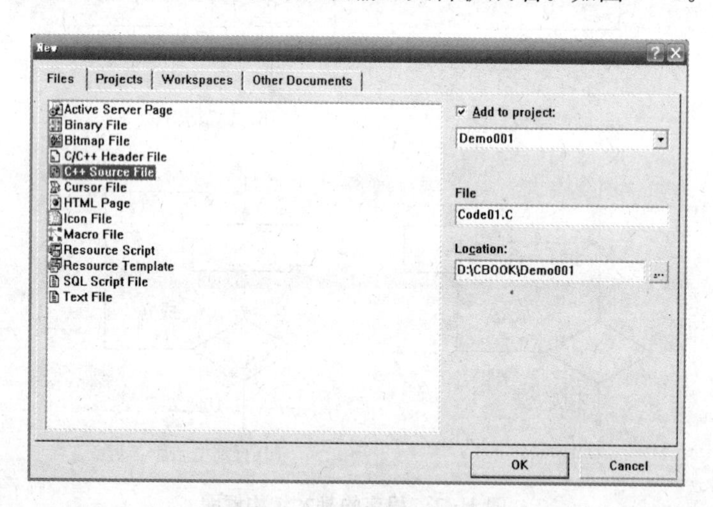

图 1－5　新建 C 源代码文件

(5) 在右边的空白区输入下面的源程序代码。

```
#include "stdio.h"
int max(int x,int y)
{
    return x>y? x:y;
}
```

```
    main()
    {
    int a,b;
    int maxValue;
    printf("请输入两个整数:");
    scanf("%d %d",&a,&b);
    maxValue=max(a,b);
    printf("\n%d,%d中较大值为%d\n",a,b,maxValue);
}
```

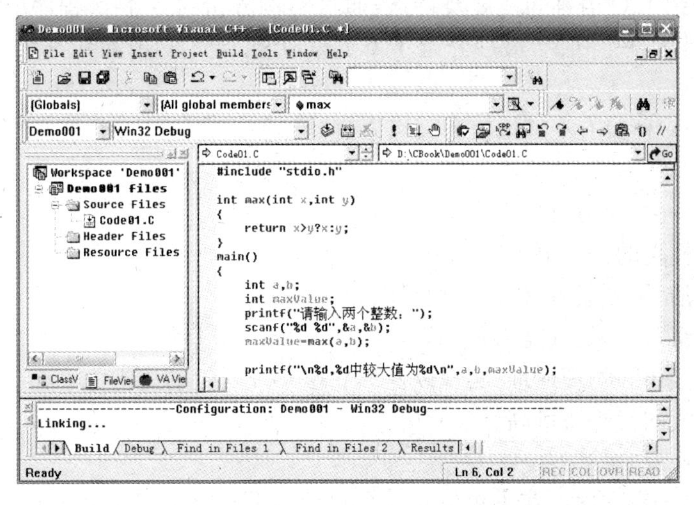

图1-6　输入源代码

(6) 源代码输入结束后点【Build】菜单上的【Compiled Code01.C】菜单项，如果源代码有语法错误，下面的【Build】框会提示错误出现的位置。根据错误修改源代码，直到错误数为0。如图1-7。

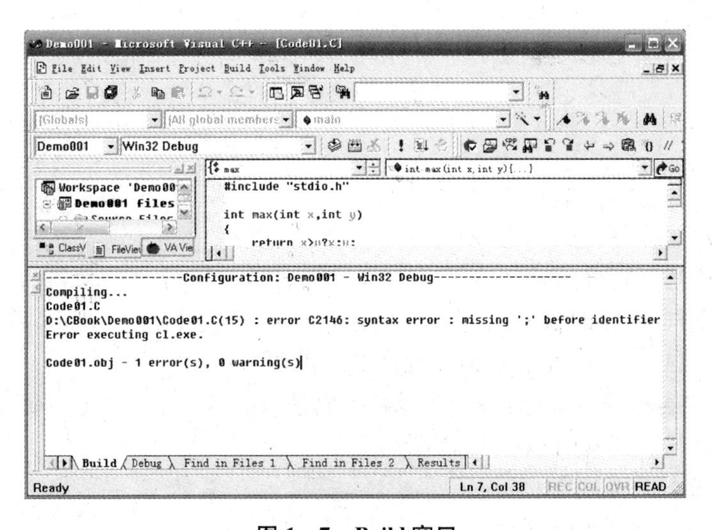

图1-7　Build窗口

(7) 最后点【Build】菜单上的【Build Demo001. exe】菜单项，生成应用程序。最后点击【Execute Demo001. exe】菜单项运行程序。根据屏幕提示运行程序，得到程序运行结果如下：

```
请输入两个整数:3  5 <回车>
3,5 中较大值为 5
```

1.6 小 结

本章概括介绍了C语言的发展及特点，通过实例分析讨论了C程序的格式、构成及基本要求、程序设计的基本知识，最后介绍了C语言上机调试的步骤和方法。需要学习的要点有：

1. C语言是一种兼有汇编语言和高级语言特点的语言，于20世纪70年代初期由贝尔实验室研制开发。

2. C语言是一种理想的结构化语言。

(1) 具有结构化的控制语句。

(2) 语言简洁，结构紧凑，使用方便灵活。

(3) 运算丰富，数据处理能力强。

(4) 可以直接访问物理地址，实现硬件和底层系统软件的访问。

(5) 语言生成的代码质量高。

(6) 可移植性好。

3. 函数是C语言程序的基本单位。一个C语言源程序可以由多个函数组成，其中有且只有一个名为main的主函数，无论main函数在程序的什么位置，C语言程序总是从main函数开始执行。

4. 用C语言编写的程序称为C语言源程序，它必须经过编译和连接，生成可执行程序后才能执行。

习 题

一、选择题

1. 下面的说法不正确的是(　　)。

A. 一个C语言程序的执行总是从该程序的main函数开始，在main函数中结束

B. main函数必须写在一个C语言程序的最前面

C. 一个C语言程序可以包含若干个函数，但是只能有一个主函数(main)

D. C语言程序的注释可以是中文文字信息

2. 下面说法不正确的是(　　)。

A. C语言是一种高级语言

B. C语言的文件扩展名是. C

C. 顺序结构、选择结构和循环结构之外再没有其他的程序结构

D. 算法可以没有输出

二、填空题

1. C 语言程序是由________构成的，一个 C 程序中至少包含一个________。因此，________是 C 语言程序的基本单位。

2. C 语言程序注释是由________和________所界定的文字信息组成的。

3. 函数体一般包括________和________。

4. C 语言是一种________化程序设计语言。

三、程序题

1. 编写程序在控制台下输出下面的图案。

```
* * * * * * * * * * * * * * * *
*       Hello China           *
* * * * * * * * * * * * * * * *
```

第2章　C语言程序设计的初步知识

构成C语言程序的两个主要因素是数据和操作。计算机中用来处理问题的是程序，其主要操作对象是数据。当程序执行后，操作的结果又会改变数据。数据类型就是对程序所处理的数据按照其性质、表达方式、构造特点、存储范围等划分的不同种类。

本章主要介绍C语言程序中的数据类型、常量、变量、运算符、表达式、不同类型数据间的运算等内容。

2.1　任务2——关于银行利息的计算

问　题

假设银行定期存款的年利率为5.65%，定期存款金额为m元，编写一个C语言程序，计算n年定期存款到期后本金和利息总和s元。分别用单精度类型和双精度类型变量完成计算，观察计算精度的变化，思考在编写程序解决实际问题时变量类型的选取。

分　析

计算银行定期存款利息时，如果给定存款的本金数量m元、定期年限n年和年利率v，就可以根据银行计算本息的公式：$s=m * (1+v)^n$。

数据需求

数据输入

```
v     /* 年利率 */
m     /* 存款本金总金额 */
n     /* 存款年限 */
```

数据输出

```
s     /* 存款到期后本息总额 */
```

算法描述

实现银行定期存款本息计算的算法表示如图2-1所示

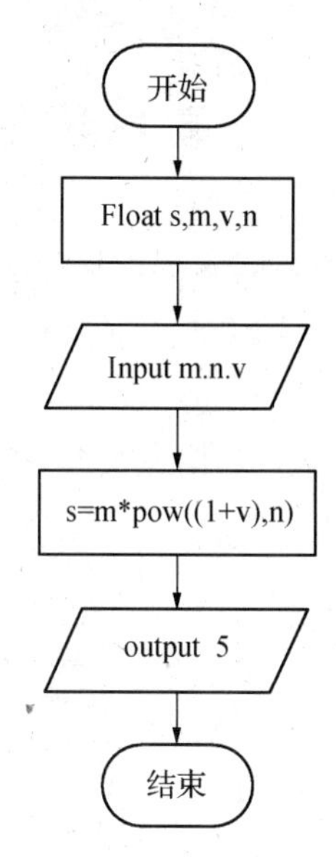

图 2-1　银行利息计算问题流程图

以下是完整程序：

```
/*
银行利息计算问题程序代码
*/
#include <stdio.h>              /*预处理，头文件对 printf，scanf 函数的声明*/
#include <math.h>               /*数学函数 pow 的头文件*/
void main()
{
 float s,m,n,v;                 /*定义单精度型变量 s,m,n,v*/
 printf("请输入定期存款金额、存款年限、年利率：");
                      /*输出语句，提示输入定期存款金额、存款年限和利率*/
 scanf("%f%f%f",&m,&n,&v);     /*输入语句，从键盘输入变量 m,n,v 的值*/
 s=m*pow((1+v),n);              /*赋值语句，计算本息总额*/
 printf("到期本息总额：",s);    /*输出语句，显示定期本息总额*/
}
```

通过完成该任务完成学习目标：

1. 进一步认识 C 语言程序的结构，进一步熟悉 vc++6.0 集成开发环境的使用。
2. 掌握 C 语言中标识符的命名规则，常量、变量的概念和使用方法。
3. 掌握根据编程解决的实际问题选择合适的数据类型进行恰当的运算。
4. 掌握运算符的运算规则及运算优先级，各种不同数据类型混合运算时数据类型之间的转换规则。

2.2 C语言的数据类型

C语言的数据类型就是在C程序中所允许出现的数据种类。不同类型的数据存储的数据范围、格式、表达方式以及特点亦各不相同。C语言程序中的每一个数据都属于唯一的数据类型。

C语言的数据类型一般分为基本类型、构造类型、指针类型和空类型四大类。如图2-2所示。

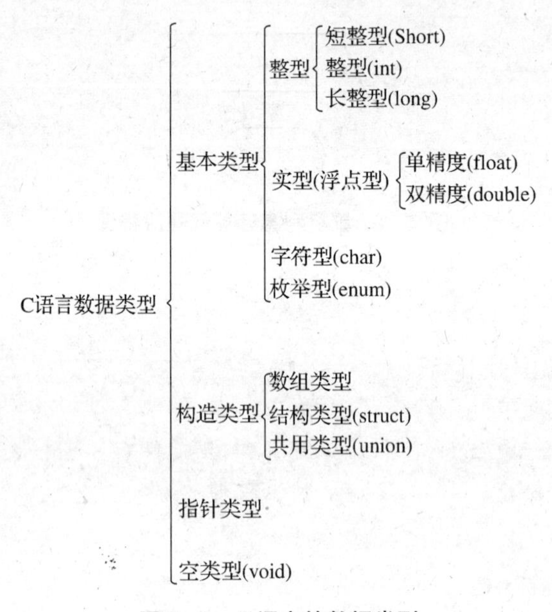

图2-2 C语言的数据类型

2.3 标识符

程序处理的对象是数据，而数据是以某种特定的形式存在的。标识符就是给程序中的实体(变量、常量、函数、类型、数组、结构体等)所起的标志性的名称。其主要作用就是“标识”，区分C程序中的不同类型的对象。

C程序中的标识符分为两大类：系统定义标识符和用户定义标识符。

2.3.1 系统定义标识符

系统定义标识符是指由系统定义的，具有固定名字和特定含义的，不能用于其他用途的标识符。且系统定义标识符都只能用小写字母书写。下面是C语言中系统定义标识符的几种分类：

1. 标识数据类型

int，char，long，float，double，short，unsigned，struct，union，enum，auto，extern，static，register，typedef，void。

2. 标识控制流

if，else，switch，case，default，do，while，for，break，continue，return，goto。

3. 标识预处理功能

define，include，undef，ifdef，endif，line。

2.3.2　用户定义标识符

用户在对自己使用的程序中的操作对象进行命名，来对各个对象进行区分时所确定的名称就是自定义标识符。自定义标识符不能随意构造，用户在定义标识符时要符合 C 语言中的语法规则。

C 语言中标识符的构造规则如下：

1. 标识符只能以字母或者下划线开头。
2. 标识符只能由字母、数字、下划线三种字符组成。
3. 系统已经定义的一些标识符和关键字是系统专用的，不允许用户作为自定义对象的标识符来使用。
4. C 语言将大小写字母作为不同的字符处理。
5. 自定义标识符一般应做到见名知义，以提高程序的可读性。如用 sum 表示和，name 表示姓名，score 表示成绩，max 表示最大等。

因此标识符中只能出现：

- 阿拉伯数字：0—9，共 10 个
- 英文字母：大小写字母 A—Z，a—z，共 52 个
- 下划线：_，共 1 个

标识符对于所使用的字符个数本身并没有限制，但是在不同的 C 语言版本具体使用中，对标识符的长度有不同要求。大多数系统取前 8 个字符有效。因此在定义标识符时，为了程序的可移植性和可读性，我们要求一般不要超过 8 个字符。

正确的标识符举例：M，sum 1，_total，ab_1_2

错误的标识符举例：11abc，for，－abc，$12

2.4　常　　量

常量是指在程序运行中值不能发生改变的量。

2.4.1　整型常量

整型常量又称为整数。C 语言程序中有三种不同的表示形式：八进制、十进制、十六

进制。

1. 八进制整数:采用8个不同的数码符来表示的数。由数字0—7组成,逢8进位。为了以示区别,在八进制整数前加上一个“0”标识。

2. 十进制整数:采用10个不同的数码符来表示的数。由数字0—9组成的整数,逢10进位。

3. 十六进制整数:采用16个不同的数码符来表示的数。由数字0—9,a—f组成的整数,逢16进位。为了以示区别,在十六进制整数前加一个“0x”标识。

整型数还可以分为长整型数(long int)、短整型数(short int)、无符号整型数(unsigned int)三种。

长整型数在数值后面加上一个标示符“L”;短整形数不加标识符;无符号整型数在数值后面加一个标识符“U”。

无符号数与有符号数的主要区别是数的最高位不作符号处理,表示数的绝对范围是有符号数的两倍。相应的无符号整型有无符号基本整型(unsigned int)、无符号短整型(unsigned short int)和无符号长整型(unsigned long int)。

这六种整型数据的长度和取值范围如表2-1所示:

表2-1　整型数据类型表

	类型标识符	数据长度	取值范围
有符号整数(signed)	短整型　signed　short	16位	$-2^{15}\sim(2^{15}-1)$
	基本整型 signed　int	16位	$-2^{15}\sim(2^{15}-1)$
	长整型　signed　long	32位	$-2^{31}\sim(2^{31}-1)$
无符号整数(unsigned)	短整型　unsigned　short	16位	$0\sim(2^{16}-1)$
	基本整型 unsigned　int	16位	$0\sim(2^{16}-1)$
	长整型　unsigned　long	32位	$0\sim(2^{32}-1)$

2.4.2　实型常量

实型常量又称为实数或者浮点数。C语言中的实数只能用十进制来表示。实型常量用小数形式和指数形式表示。

1. 小数形式:小数形式由数字0—9和小数点部分组成(必须要有小数点)。例如3.47,13.25,.123等都是合法的实型数的表示方法。

2. 指数形式:指数型的实数采用的是科学计数法。例如12e2或者12E2都代表$1-2\times10^2$。但是要注意字母e或者E的前后必须要有数字,且e或者E后面的指数必须为整数。例如123e4,123E4,123.4e4,12.3e-4均为合法指数形式。而E5,12e0.2,.e3,5E等均为不合法的指数形式。

实型常量还可以分为单精度实型(float)和双精度实型(double)两种。一般系统中,单精度实型在存储时占用4个字节,有32比特,有7位有效数字。双精度实型在存储时占用8个字节,有64比特,有15～16位有效数字。还有一种长双精度型(long　double)用得较少。

这三种实型数据的长度和取值范围如表 2-2 所示：

表 2-2　实型数据类型表

	类型标识符	数据长度	取值范围
单精度	float	32 位	$10^{-38} \sim 10^{38}$
双精度	double	64 位	$10^{-308} \sim 10^{308}$
长双精度	long double	80 位	$10^{-4932} \sim 10^{4932}$

2.4.3　字符常量

字符常量是用单引号' '括起来的一个字符。如 'a','B' 等都是字符常量。其中单引号是作为字符常量的定界符使用，并不表示字符常量本身。C 语言中常用的字符常量有一般字符常量和转义字符常量两种。

1. 一般字符常量

字符常量与计算机系统多使用的字符集有关，在中小型计算机上大多采用的是 ASCII 字符集。在 C 语言中，一个字符常量还具有数值。字符常量的值就是由该字符的 ASCII 码值确定，可以用整型数据来描述。例如 'A' 的 ASCII 码为 65。并且小写和大写要相区别，例如 'a' 和 'A' 是不同的字符常量。因此在 C 程序中，有时候需要将某个字符常量赋给一个变量，实际上是将该字符常量的 ASCII 码值赋给变量。同理，若 C 语言中需要进行字符间的比较，实际上也是将各个字符的 ASCII 码值进行大小比较。

2. 转义字符

在 C 语言中还有一种特殊的字符型常量，是以一个反斜杠"\"开头的字符，后面加上一个数字或字符的特殊表示形式，用于表示 ASCII 码字符集内的控制代码和某些功能定义。我们称为"反斜杠字符常量"或者"转义字符"。"转义字符"代表一个字符，在内存中只占用一个字节。

C 语言中常见的转义字符功能表如表 2-3 所示：

表 2-3　转义字符功能表

字符形式	含　义
\n	换行，当前位置移到下一行开头
\r	回车，当前位置移到本行开头
\f	换页，当前位置移到下页开头
\t	水平制表，横向跳格
\b	退格，当前位置移到前一列
\v	垂直制表，竖向跳格
\'	单引号字符
\"	双引号字符

（续表）

字符形式	含 义
\\	反斜杠字符
\ddd	1~3位8进制数表示的字符
\xhh	1~2位16进制数表示的字符

2.4.4 字符串常量

多个单独的字符构成字符串。C语言允许的字符串常量是由一对双引号" "括起来的字符序列。例如"A","CHINA","1234","how are you"等均为合法的字符串常量。

要特别注意的是字符常量和字符串常量的区别。

1. 字符常量和字符串常量的书写格式不同。字符常量是用单引号' '括起来的，而字符串常量是用双引号" "括起来的。例如'a'是字符常量，而"a"是字符串常量，二者形式类似，但是含义不同。

2. 字符常量和字符串常量的存储方式不同。C语言规定，在计算机中存储一个字符串时，编译系统自动在每个字符串结尾处加上一个特定的控制符'\0'来表示该字符串结束。也就是说如果系统要存储字符串"a"时，需要2个字节的内存，分别来存储字符'a'和'\0'。而若系统要存储字符'a'时，只需要一个字节的长度。也就是说字符串存储的长度比实际长度多一位。

例如：若存储一个字符串“goodbye”需要8个字节的长度。如图2-3所示：

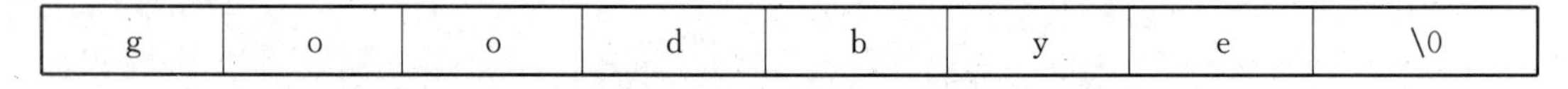

g	o	o	d	b	y	e	\0

图2-3 字符串存储示意图

2.4.5 符号常量

C语言中，若使用符号来替代常量，该符号称为符号常量。C语言程序中的符号常量通常采用大写英文字母，以示区别于一般的变量。当某一个常量在程序中多次出现时，就可以使用符号常量来替代，不仅可以方便地修改源程序，同时也可以提高程序的可读性和可移植性。符号常量在使用前必须先定义，其定义的格式如下：

```
# define 符号常量名 常量
```

例如：

```
# define  NULL  0
```

用符号常量NULL来替代常量0；

要注意的是，每个符号常量定义式一次只能定义一个符号常量，且每个符号常量定义式占据一行。

例如：

```
# define  NULL  0
```

```
# define  N  1
# define  M  -1
```

其中,NULL,N, M是符号常量,它们分别替代常量为0,1,-1。

2.5 变　　量

变量是指在程序运行过程中值可以发生改变的量。变量在使用前必须先进行定义,指定变量的名称和数据类型。当用户给定变量的名称和初始值后,系统就会在编译和运行程序时,按照变量的数据类型在内存中分配相应大小的存储单元,来存放变量的值。同时用户还可以由赋值语句对程序中的变量赋予初始值。

2.5.1 变量名称

用户可以根据程序的要求任意设定所需要的变量名。但是在定义变量名称时要注意,变量名是标识符,必须要符合标识符构造的规则(详见2.3节标识符内容)。

C语言规定,变量定义的格式为:

```
数据类型符 变量名表
```

例如:

```
int a;          /* 定义整型变量 a */
float b;        /* 定义单精度实型变量 b */
```

变量名实际上是一个符号地址,系统在编译时给每一个变量名分配一个内存地址。程序若想从变量中取值,实际上是通过变量名来找到相应存储地址后,从存储单元中读取数据。

2.5.2 变量的类型

C语言中的变量,根据数值的性质可以分为两大类:基本数据类型变量和构造数据类型变量。其中每一个大类型又可以分为若干个不同类型的变量。我们主要来看基本数据类型变量,比如整型变量、实型变量和字符型变量等。另外还有指针型变量、结构体型变量、共用体型变量等,这些将在后续章节中详细介绍到。

1. 整型变量

整型变量用来存放整型数值。整型变量可分为:基本型(int),短整型(short int或short),长整型(long int或long)和无符号型(unsigned int, unsigned short, unsigned long)等。

前三种整型变量存贮单元的最高位为符号位。"0"表示为正,"1"表示为负。无符号型变量存贮单元的所有位均表示数值。具体可参看表2-1。

在使用整型变量时一定要注意数值的范围,超过该变量允许的使用范围将导致错误的结果。

定义整型变量同样遵守变量的定义。

例如：

```
int  a ;                    /* 定义整型变量 a */
unsigned  short  c;         /* 定义无符号短整型变量 c */
long  e;                    /* 定义长整型变量 e */
```

2. 实型变量

实型变量分为单精度型(float)和双精度型(double)两类(双精度类型数据用得较少，我们不作讨论)。其存放数据的差别是：单精度变量占 4 个字节内存单元，有 7 位有效数字，数值范围在 3.4e−38～3.4e+38 之间。而双精度变量占有 8 个字节内存单元，有 15～16 位有效数字，数值范围在 1.7e−308～1.7e+308 之间。具体可参考表 2-2。

定义实型变量：

例如：

```
float  b;            /* 定义单精度实型变量 b */
double  c;           /* 定义双精度实型变量 c */
```

3. 字符型变量

字符型(char)变量内存放的是字符型常量，在内存单元中仅占一个字节。在实际的程序中，其内存中存放的是该字符的 ASCII 码，因此字符型变量也可存贮数值范围为 0～255(无符号字符型)或−128～127(有符号字符型)之间的整型常数。

在 C 语言中，字符型与整型的界限不是很分明的，在一个字节内是可互相转换的，也就是说整型数据和字符型数据是通用的。

例如：

```
int a ;
a= 'A';
```

字符变量的定义如下：

```
char  a1,a2;  /* 定义字符型变量 a1 和 a2,可以各放一个字符 */
```

另外，C 语言中无字符串变量，但可以用字符数组或字符型指针来表达字符串。其他类型的变量介绍详见后续章节。

2.5.3 变量的赋值

变量经过定义后，在使用之前用户就要给变量赋值。C 语言中是通过赋值运算符或者赋值语句给变量赋值。

变量赋值的格式为：

```
变量名=表达式
```

要注意这个格式中的“=”是赋值符号而不是等号。

例如：

```
int  i;
i=9;          /* 先定义整型变量 i,再给 i 初值为 9 */
```

C语言中可以在给变量下定义的同时为变量赋值，叫做变量的初始化。

其格式为：

```
类型 变量名=表达式
```

例如下面几个初始化：

```
int   i=8;        /* 定义整型变量 i,初值为 8 */
float  t=1.5;   /* 定义实型变量 t,初值为 1.5 */
char  c1='y';   /* 定义字符型变量 c1,初值为字符为 y */
```

也可以只对部分变量赋初值：

```
int a,b, i=8;  /* 定义 3 个整型变量 a,b,i,只给 i 初值 8 */
```

2.6　运算符与表达式

在前面的内容中我们介绍了C语言中主要的数据类型，下面我们就来进行数据运算。运算其实就是对各种类型数据进行加工处理，运算符则是指各种不同运算类型的符号。C语言中的运算符非常丰富，能够构建不同类型的表达式，提供了强大的运算功能。

按照运算对象的个数可以将运算符分为单目运算符、双目运算符和三目运算符；按照运算的功能又可将运算符分为赋值运算符、算术运算符、关系运算符、逻辑运算符、条件运算符、逗号运算符、取地址运算符、位运算符、求字节运算符、指针运算符等。

运算在C语言中是用表达式来完成的。表达式就是由运算符将运算对象按照一定的语法规则连接起来的式子。表达式由常量、变量、函数、运算符、括号等内容组成。

任何表达式都有一个确定的值，表达式的求值顺序为：

(1) 若表达式有圆括号运算符，先计算括号内，再计算括号外的值；

(2) 若表达式有多个运算符，则按运算符优先级顺序计算。如果运算符的优先级别相同，再按运算符的结合性计算。C语言中运算符的结合性有两种：左结合性(从左向右计算)和右结合性(从右向左计算)。

2.6.1　算术运算符和算术表达式

1. 算术运算符

算术运算符分为两大类：基本的算术运算符和自增自减运算符。

其中基本的算术运算符有：

+　(加法运算符，运算功能为求和)

-　(减法运算符，运算功能为求差)

*　(乘法运算符，运算功能为求积)

/　(除法运算符，运算功能为求商)

%　(求余运算符，运算功能为取模)

需要注意的有两点：

一是除法运算符，当整数相除的结果为整数时，小数部分被舍掉。例如：5/2 的结果为

2,3/4 的结果为 0。

二是求余运算符的运算数据必须是整型数。例如:5%2 的结果为 1。

自增自减运算符的作用是使变量的值增 1 或者减 1。分为自增运算符"++"和自减运算符"--"。这两个运算符的运算对象必须是变量,不能为常量。且这两个运算符放在变量前面和后面时运算的结果是不同的。我们将在 2.7 节内容中详细讨论。

2. 算术表达式

用算术运算符和括号将运算对象连接起来,符合 C 语言语法规则的式子称为算术表达式。运算对象通常包括常量、变量、函数等。在进行算术表达式运算时,要注意算术运算符的优先级和结合性。一般情况下,算术运算符的优先级是先乘除后加减;当运算符优先级别相同时,应该按照算术运算符的结合方向"自左至右"运算。

例如:a+b*c; x*y%c-1; b/c+1.6 等均为合法算术表达式。

2.6.2 赋值运算符和赋值表达式

1. 赋值运算符

C 语言程序中的赋值运算符是"="。这是种常用的运算符,其作用是用来实现给变量赋值的操作。我们在 2.5 节内容中给变量赋值的赋值语句就由赋值运算符"="构成。它表示将"="右边的值赋给左边的变量。

我们可以在赋值符"="前加上其他的运算符,可以构建复合赋值运算符。复合赋值运算符可以简化程序,并且提高编译效率。C 语言中一共有 10 种复合赋值运算符。分别是:

+=; 加赋值运算符;如 a+=b 等价于 a=a+b;

-=; 减赋值运算符;如 a-=b 等价于 a=a-b;

=; 乘赋值运算符;如 a=b 等价于 a=a*b;

/=; 除赋值运算符;如 a/b 等价于 a=a/b;

%=; 取余赋值运算符;如 a%=b 等价于 a=a%b;

还有 &=; |=; ∧=; ≪=; ≫=; 5 种是关于位运算的,在后面课程中会有详细介绍。

使用赋值运算符时要注意:一是赋值运算符两边的数据类型要求一致;二是赋值运算符和复合赋值运算符的优先级只高于逗号运算符,且结合方向均为"自右至左"。

2. 赋值表达式

由赋值运算符将一个变量和表达式连接起来的式子就是赋值表达式。赋值表达式的一般格式为:

变量 赋值运算符 表达式

例如:a=3;这个赋值表达式是将赋值表达式右端的值 3 赋给左边的变量 a。

其中赋值表达式也可以包含复合赋值运算符。

使用赋值表达式时要注意赋值表达式左右两边的数据类型要一致。若类型不同还要进行类型转换。

2.6.3　关系运算符和关系表达式

1. 关系运算符

关系运算符主要用于比较两个运算对象的大小。C 语言中的关系运算符主要有以下 6 种：

＞；　大于运算符

＞＝；　大于等于运算符

＜；　小于运算符

＜＝；　小于等于运算符

＝＝；　等于运算符

！＝；　不等于运算符

在使用这 6 种关系运算符时，要注意两点：

一是前面的四个运算符（＞；＞＝；＜；＜＝）的优先级高于后面两个运算符（＝＝；！＝）；二是关系运算符的结合性是“自左至右”。关系运算符的优先级比赋值运算符高，但是比算术运算符低。

2. 关系表达式

关系表达式是用关系运算符将两个或更多的运算对象连接起来的式子。运算对象包含常量、变量或者表达式。

关系表达式的格式为：

表达式 关系运算符 表达式

例如：2＊8＜a＋4；x！＝t＋1；t＝＝b 等均为合法的关系表达式。

关系表达式的运算结果值为逻辑值，结果有“真”和“假”两种。其中分别用“1”和“0”来表示。

例如：若 a＝4，b＝5，c＝1

则 2＊3＞a＋b；　其值为“0”

a＝＝b＋1；　其值为“0”

c！＝2；　其值为“1”

2.6.4　逻辑运算符和逻辑表达式

1. 逻辑运算符

逻辑运算符是用来进行逻辑关系运算的运算符。C 语言有！（逻辑非）、＆＆（逻辑与）、‖（逻辑或）三种逻辑运算符。

例如：a＆＆b，　若 a，b 均为真，则 a＆＆b 为真，否则为假。

a‖b，　若 a，b 均为假，则 a‖b 为假，否则为真。

！a，　若 a 为真，则！a 为假，否则为真。

使用逻辑运算符时要注意：

（1）！运算的优先级高于算术运算，＆＆、‖运算低于关系运算，高于赋值运算。

(2)！运算优先级高于&&运算;&&运算高于‖运算。

2. 逻辑表达式

由逻辑运算符将运算对象连接起来的式子称为逻辑表达式。逻辑表达式的值有“真”和“假”两种,我们分别用“1”和“0”来表示。

例如下列逻辑表达式:(a>b)&&(x<y);可以直接写为a>b&&x<y;

(！a)‖(a<b);可以直接写为！a‖a<b;

2.6.5 条件运算符和条件表达式

1. 条件运算符

条件运算符由问号“?”和冒号“:”组成,连接三个运算对象,在两个表达式中选择一个的操作。它是C语言中唯一的一个三目运算符。

条件表达式的优先级别:

(1) 条件表达式的优先级高于赋值运算符、逗号运算符,而低于其他运算符;

(2) 条件运算符的结合顺序为“自右至左”。

2. 条件表达式

用条件运算符将运算对象连接起来的式子叫条件表达式。

条件表达式的格式:

```
表达式1? 表达式2:表达式3
```

其功能是:如果表达式1为“真”,则表达式值为表达式2的值;否则表达式的值为表达式3的值。

例2-1　条件表达式的应用。

```
#include "stdio.h"
main()
{
        int a , b , min;
        printf("input a , b: ");
        scanf(" %d , %d", &a , &b);
        printf(" %d , %d" , a , b);
        min=a < b ? a : b;
  printf("min is %d\n",min);
}
```

该程序就利用条件表达式a < b ? a , b;求出两个值中的较小整数。

当a<b成立时,表达式取a的值,否则取b的值。

因此,程序的运行结果为:

```
input a , b : 3 , 6
min is 3
```

2.6.6　逗号运算符和逗号表达式

1. 逗号运算符

在 C 语言中，逗号“,”是一种运算符，可以用来连接多个表达式。这种作为运算符的功能要和以前我们接触到的作为分隔符号的功能区分开来。还有，逗号运算符的优先级别是所有运算符中最低的。

2. 逗号表达式

用逗号分隔符将各种类型的表达式子连接起来的式子称为逗号表达式。

逗号表达式的一般格式为：

表达式 1,表达式 2,…,表达式

逗号运算符的规则是从左至右进行各个表达式的计算，最后一个表达式的值就是整个逗号表达式的值。

例如：

x=(a=3 , b=a+1 , c=b * 2) 该表达式的值为 x=8。

2.7　自增(自减)运算符及 C 语言运算符的优先级别

2.7.1　自增、自减运算符

前面介绍到 C 语言中有两个特殊的算术运算符：自增运算符“++”和自减运算符“--”。这两个运算符只能用在变量上，而不能用在常量上。

自增、自减运算符的结合方向是“自右至左”。它们的作用是使运算对象的值加 1 或减 1。

例如：a++ 相当于赋值语句 a=a+1，使变量 a 的值增加 1；

　　　a-- 相当于赋值语句 a=a-1，使变量 a 的值减去 1。

自增、自减运算符的运算对象只能是单个的变量。根据自增、自减运算符位置的不同将其分为两类。如果自增、自减运算符出现在变量的前面，如(++ a)则称为前置运算；如果自增、自减运算符出现在变量的后面，如(a++)则称为后置运算。

前置和后置两种不同的表示方法最终会使自增自减运算方式不同。有些时候前置运算和后置运算的结果是不同的。前置运算是在别的语句使用变量的值以前，先将变量作加 1 或减 1 的运算，即“先运算后使用”。后置运算的方式是在别的语句使用变量的值之后，将变量作加 1 或减 1 的运算，即“先使用后运算”。也就是说，++ i 或-- i 指在使用之前先使 i 的值加 1 或减 1；而 i++或 i--指在使用 i 之后，再使 i 的值加 1 或减 1。

例 2 - 2　自增运算符的应用。

```
main()
{
```

```
    int a ,b , x;
    a=3;
    b=a++;          /* 后置运算,先把 a 值赋给 b,然后 a 的值加 1 */
    printf("a= %d,b= %d\n",a,b);
    a=3;
    x=++ a;         /* 前置运算,先把 a 的值加 1,然后将 a 的值赋给 x */
    Printf("a= %d,x= %d\n",a,x);
}
```

程序运行结果：

```
a=4, b=3
a=4, x=4
```

2.7.2 C语言运算符的优先级与结合性

C语言表达式类型丰富,运算符的功能强大。当C程序中同一个表达式同时有多个运算符时,运算就应有一个先后顺序,我们称为优先级。

C语言规定：

(1) C程序先进行表达式中优先级高的运算符的运算,后进行优先级低的运算符的运算。

(2) 一个表达式中,各运算符优先级别相同的情况下,运算次序由运算符的结合性来决定。C语言中各运算符优先级大致为：

初等运算符＞单目运算符＞算术运算符＞关系运算符＞逻辑运算符＞条件运算符＞赋值运算符＞逗号运算符。

具体如表2-4：

表2-4 C语言中常用运算符的优先级和结合方向

优先级	运算分类	运算符	结合方向
1(高)	初等运算符	( ),[ ],.,_＞	自左至右
2	单目运算符	!,++,--, *(指针运算符),&	自右至左
3	算术运算符	* ,/ , %	自左至右
4		+ ,-	
5	关系运算符	＜ , ＜= , ＞ , ＞=	自左至右
6		= = , ! =	
7	逻辑运算符	&&	自左至右
8		‖	
9	条件运算符	? :	自右至左
10	赋值运算符	= , + = , - = , * = , / = , % =	自右至左
11	逗号运算符	,	自左至右

2.8　不同类型数据间的混合运算(包含数据类型转换)

C 语言表达式中,若含有不同类型的数据,C 程序在计算机读表达式时会将操作对象转换成相同类型后再进行计算,我们将这种由一种类型变量到另一种类型变量的转换称为类型转换。

数据类型的转换通常是由系统自动进行的,我们称这种类型转换为自动类型转换。若某个表达式一定要求数据从某种类型转换为另一种类型,则要求编程过程中用类型转换符对操作数的类型进行强制转换。

2.8.1　自动类型转换

C 语言允许不同类型的数据进行混合运算。

例如,整型、实型、字符型数据进行混合运算 20+'b'-234.64*'a'是合法的。在进行计算时,C 编译系统先自动将不同类型的数据转换为同一类型,然后进行计算。转换规则如图 2-4 所示。

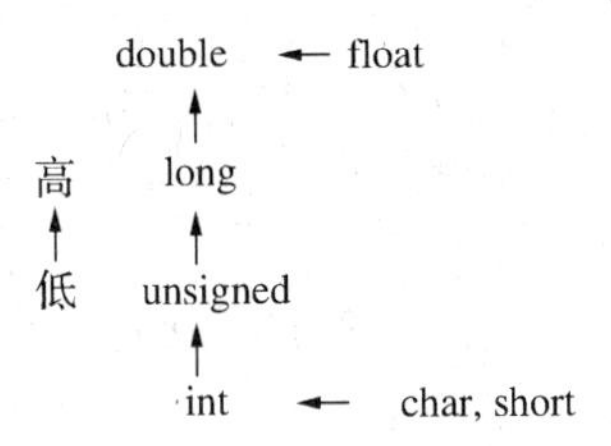

图 2-4　自动类型转换规则

图中横向向左的箭头表示自动进行的转换,即字符型数据要转换为整数和 short 型要转换为 int 型,float 型数据要转换为 double 型。纵向向上的箭头表示运算对象不同类型时转换的方向。即由低类型转换为高类型。例如一个 int 型的数据与 long 型数据运算,先将 int 型转换为 long 型,然后再在两个同类型(long 型)数据间进行运算,运算结果为 long 型。

例如:

```
int i;
char a;
double b;
```

若表达式 i+a+b 求值,过程为 a 自动转换为 int 型,完成和 i 的加法运算,然后运算结果 int 型再转换为 double 型完成和 b 的加法运算,最后结果为 double 类型。

2.8.2　强制类型转换

当自动类型转换仍不能满足用户的任务要求时,可以在表达式中通过强制类型转换运算符将操作对象强制转换成所需要的数据类型。

强制类型的转换格式为：

(类型标识符)表达式

例如：

(float)10 表示将 10 转换为 float 型；

(int)5.25 表示将 5.25 转换为整型；

2.9 小　　结

本章主要介绍了C语言的基本数据类型，C语言的运算符及运算表达式，混合数据运算及数据类型转换等基本概念，是非常基础的内容。只有掌握了这些基本的概念，才能在后续的章节更加深入、透彻地学习C语言。

习　　题

一、简答题

1. 如何区分字符常量和字符串常量？
2. C语言中如何表示“真”和“假”？
3. C语言中的“=”和“==”两个运算符有什么区别？
4. C语言中标识符的构成有什么要求？

二、填空题

1. 写出表示逻辑关系“a大于等于10或a小于等于0”的C表达式________。

2. 若a=1,b=2,c=3,d=4,判断下列各式结果：

(1) a>=b&&a<=b

结果为________。

(2) a<b || b! =a

结果为________。

(3) a>=c || b>=d

结果为________。

(4) b>=c&&c! =d

结果为________。

3. 若 char a;

int b;

float c;

double d;

则表达式 a * b+c-d 值的类型为________。

三、程序题

1. 分析下列程序,写出运行结果。

```
main()
{
   int a=3 , b=4 , c=0;
   c=(++ a) * b;
   pritnf("a= %d,c= %d\n",a,c);
}
```

2. 写出下列程序运行结果。

```
main()
{char a1,a2;
 a1=97;
 a2=98;
 pritnf(" %c, %c\n",a1,a2);
 pritnf("a1= %d,a2= %d\n",a1,a2);
 }
```

3. 写出下列程序运行结果,分析结果并上机验证。

```
#include <stdio.h>
main()
{
int a,b,c;
a=b=c=5;
a=++ b-++ c;
printf(" %d, %d, %d\n",a,b,c);
a=++ b+c++;
printf(" %d, %d, %d\n",a,b,c);
a=b--+-- c;
printf(" %d, %d, %d\n",a,b,c);
}
```

第 3 章　顺序结构程序设计

在上一章介绍了程序中用到的一些基本要素(常量、变量、运算符、表达式等),它们是构成程序的基本成分。在第 1 章中已经介绍了几个简单的 C 程序。本章将介绍编写简单的程序所必需的一些内容。我们通过任务案例,来了解 C 语言的语句。

3.1　任务 3——将英里转换为公里

问　题

你的暑假作业是研究一些以公里标注距离的地图和一些以英里标注距离的地图。你和你的伙伴们想使用公制计量单位来处理,因此需要编写一个程序来执行必要的转换工作。

分　析

解决这个问题的第 1 步是确定要干什么。我们要做的是将一种计量单位转换成另外一种,但是,是要从公里转换成英里,还是从英里转换成公里?问题陈述中说明了想使用公制计量单位,那么就是要把英里表示的距离转换成用公里来表示。因此,问题的输入就是以英里表示的距离,而问题的输出就是以公里表示的距离。要想编写这个程序,需要知道公里与英里之间的关系。查询公制单位表可知:1 英里等于 1.609 公里。

下面列出了数据需求和相关的公式,miles 是包含问题输入的变量(内存单元),kms 是包含着程序结果或者说问题输出的变量(内存单元)。

数据需求

问题输入

miles　　　　/* 存放用英里表示的距离 */

问题输出

kms　　　　/* 存放用公里表示的距离 */

相关公式

1 英里=1.609 公里

设　计

下面,我们用公式表达算法来解决问题。首先列出算法的三个主要步骤或称子问题。

算　法

1. 读取英里数。
2. 将距离转换成公里。
3. 用公里显示距离。

现在我们要确定算法中是否有哪一步需要更进一步地细化或者是否已表达清晰。第 1 步(获取数据)和第 3 步(显示结果值)都是基本步骤,不需要进行什么细化。而第 2 步虽然很显而易见,但还是需要更详细一些才更有帮助:

第 2 步细化

2.1　英里距离是公里距离的 1.609 倍

下面列出包含了细化步骤的完整算法,我们来研究一下是否合适。这个算法很像学期总结的大纲。第 2 步的细化用 2.1 来表示,并位于第 2 步之下。

细化后的算法

1. 读取英里数。
2. 将距离转换成公里。
   2.1　英里距离是公里距离的 1.609 倍。
3. 用公里显示距离。

在继续之前,要对算法进行桌面检查。如果第 1 步获得的是 10.0 英里,那么第 2.1 步会将之转换为 1.609×10.0 或 16.09 公里。第 3 步将显示这个正确的结果。

实　现

为了实现这个解决方案,流程图如图 3-1 所示,我们使用 C 语言来编写这个算法。首先将问题的数据需求告诉 C 编译器,即要使用的内存单元的名称和每个内存单元中所存储的数据类型。接下来,将算法的每一步都转换成一条或多条 C 语句。如果对算法的某一步进行了细化,那么必须用 C 语句来转换细化步骤,而不是原始步骤。

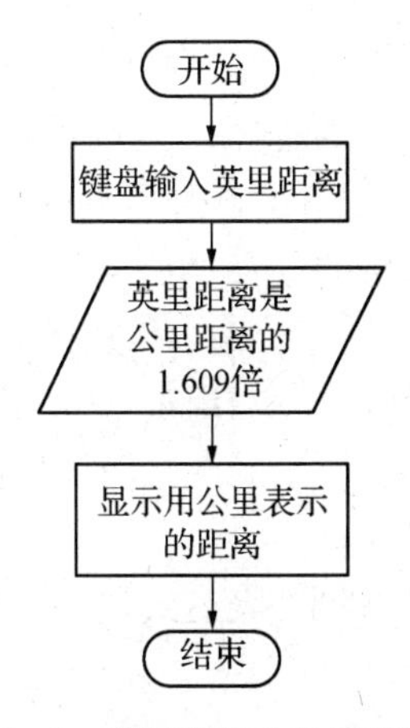

图 3-1　英里转换为公里流程图

从算法中知道,顺序结构程序是按照从上到下的顺序执行语句。以下是完整程序。

```
/*
将英里转换为公里的程序
*/
#include <stdio.h>          /*预处理,头文件对printf,scanf函数的声明*/
#define KMS_PER_MILE 1.609 /*定义符号常量KMS_PER_MILE*/
main()
{
 double miles,kms;          /*定义双精度型变量miles,kms*/
 printf("请输入用英里表示的距离:");  /*输出语句,提示输入英里表示的距离*/
 scanf("%lf",&miles);       /*输入语句,从键盘输入变量miles的值*/
 kms=KMS_PER_MILE*miles;   /*表达式语句,转换为公里表示的距离*/
 printf("等同%f公里。\n",kms);     /*输出语句,显示用公里表示的距离*/
}
```

运行结果:

```
请输入用英里表示的距离:10↙
等同于16.090000公里。
```

测 试

如何知道运行示例是否正确?我们应该仔细检查程序结果以确定其有意义。在这次运行示例中,10英里被转换成了16.09公里,这是正确的。要想检查程序是否工作正确,可以多输入一些英里数来核查结果。然而对于像本示例一样简单的程序来说,就不需要输入那么多的测试数据来验证其正确性了。

3.2 C语句

和其他高级语言一样,C语言的语句用来向计算机系统发出操作指令。一个语句经编译后产生若干条机器指令。一个实际的程序应当包含若干语句。值得说明的是,C语句都是用来完成一定的操作任务的。声明部分的内容不应称为语句。如:int a;不是一个C语句,它不产生机器操作,而只是对变量的定义。从第1章已知,一个函数包含声明部分和执行部分,执行部分即由语句组成。C程序结构可以用图3-2表示。即一个C程序可以由若干个源程序文件(分别进行编译的文件模块)组成,一个源文件可以由若干个函数和预处理命令以及全局变量声明部分组成(关于"全局变量"见第7章,"编译预处理"见第8章),一个函数由数据定义部分和执行语句组成。

C语言的语句可以分为5类,分别是:表达式语句、函数调用语句、控制语句、空语句和复合语句。

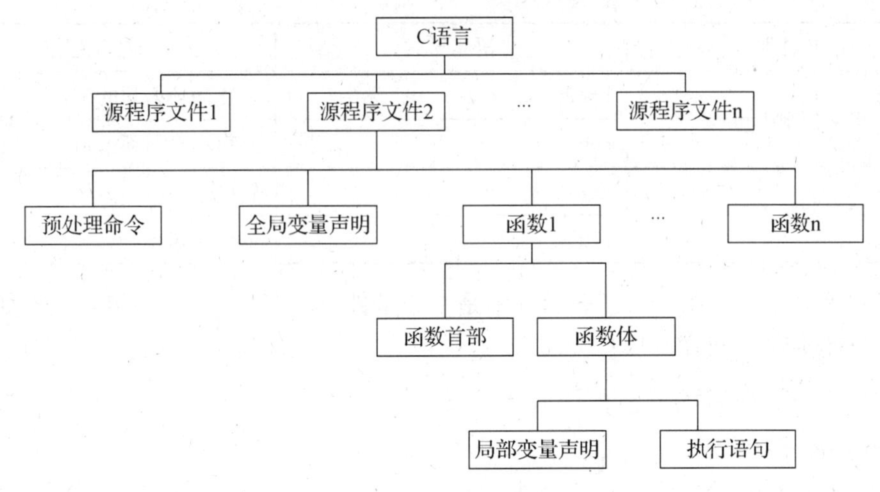

图 3－2　程序结构图

1. 表达式语句

表达式语句由各种表达式加上分号“;”组成。程序中对操作对象的运算处理大多通过表达式语句实现,最常用的是赋值语句。

在上节示例中,kms＝KMS_PER_MILE * miles;就是一条表达式语句,将符号常量 KMS_PER_MILE 所替代的数 1.609 与输入的 miles 值相乘,结果赋值给变量 kms。

2. 函数调用语句

在 C 语言中,函数调用后面加一个分号“;”,就构成了函数调用语句。如:

```
printf("Enter the distance in miles:");
scanf(" % lf",miles);
```

需要知道的是函数是一段程序,这段程序可能存在于函数库中,也可能是用户自己定义的,当调用函数时就转达到该段程序中执行。但是函数调用以语句的形式出现,它与前后语句之间的关系是顺序执行的(函数的详细知识见第 7 章)。

3. 控制语句

控制语句用于完成一定的控制功能,例如程序的选择控制、循环控制等。C 语言中共有 9 种控制语句。详细内容如表 3－1 所示。

表 3－1　C 语言中的 9 种控制语句

语句种类	语句形式	功能说明
选择分支控制语句	if()…else…	分支语句
	switch(){…}	多分支语句
循环控制语句	for()	循环语句
	while()	循环语句
	do…while()	循环语句

（续表）

语句种类	语句形式	功能说明
结束控制语句	break	终止循环语句的执行
	continue	结束本次循环语句
转向控制语句	goto	转向语句
	return	返回语句

上面9种语句中的括号“()”表示其中是一个条件，“…”表示内嵌的语句。例如：“if()…else…”的具体语句可以写成：

```
if(x>y) z=x;else z=y;
```

4. 空语句

只有分号“;”组成的语句称为空语句。空语句是什么也不执行的语句。在程序中空语句可用作空循环体。

如：

```
while(getchar()! ='\n')
     { ; }
```

函数getchar()的功能是接收从键盘输入的字符，该语句的功能是：只要键盘输入的字符不是回车符则等待重新输入，这里的循环体为空语句。程序设计中有时需要加一个空语句来表示存在一条空语句，但随意加分号也会导致逻辑上的错误，需要慎用。

5. 复合语句

在C语言中，一对花括号“{}”不仅可用作函数体的开头和结尾的标志，也可用作复合语句的开头和结尾的标志；复合语句又可称为“语句块”，复合语句的语句形式如下：

```
{语句1;语句2;…;语句n;}
```

用一对花括号把若干语句括起来构成一个语句组，一个复合语句在语法上视为一条语句，在一对花括号内的语句数量不限。例如：

```
{
 a=2;
 b=3;
 b*=a;
 printf("b=%d\n",b);
}
```

在复合语句内，不仅可以有执行语句，还可以有定义部分，定义部分应该出现在可执行语句的前面。

3.3　数据的输出

3.3.1　数据输入输出的概念及在C语言中的实现

1. 输入输出

所谓输入输出是以计算机主机为主体而言的。从计算机向外部输出设备(如显示屏、打印机、磁盘等)输出数据称为“输出”,从输入设备(如键盘、磁盘、光盘、扫描仪等)向计算机主机输入数据称为“输入”。

2. 标准库函数

C语言本身不提供输入输出语句,输入和输出操作是由函数来实现的。在C标准函数库中提供了一些输入输出函数,例如,printf函数和scanf函数。读者在使用它们时,千万不要误认为它们是C语言提供的“输入输出语句”。printf和scanf不是C语言的关键字,而只是函数的名字。实际上完全可以不用printf和scanf这两个名字,而另外编两个输入输出函数,用其他的函数名。C提供的函数以库的形式存放在系统中,它们不是C语言文本中的组成部分。

不把输入输出作为C语言提供的语句的目的是使C语言编译系统简单,因为将语句翻译成二进制的指令是在编译阶段完成的,没有输入输出语句就可以避免在编译阶段处理与硬件有关的问题,可以使编译系统简化,而且通用性强,可移植性好,对各种型号的计算机都适用,便于在各种计算机上实现。各种版本的C语言函数库是各计算机厂商(或软件开发公司)针对某一类型计算机的情况编写的,并且已编译成目标文件(.obj文件)。它们在连接阶段与由源程序经编译而得到的目标文件相连接,生成一个可执行的目标程序。如果在源程序中有printf函数,在编译时并不把它翻译成目标指令,而是在执行阶段中调用已被连接的函数库中的printf函数。

由于C编译系统与C函数库是分别进行设计的,因此,不同的计算机系统所提供函数的数量、名字和功能是不完全相同的。不过,有些通用的函数(如printf和scanf等),各种计算机系统都提供,成为各种计算机系统的标准函数。

C语言函数库中有一批“标准输入输出函数”,它是以标准的输入输出设备(一般为终端设备)为输入输出对象的。其中有:putchar(输出字符),getchar(输入字符),printf(格式输出),scanf(格式输入),puts(输出字符串),gets(输入字符串)。在本章中介绍前面4个最基本的输入输出函数。

3. 预处理

在使用C语言库函数时,要用预编译命令“#include”将有关的“头文件”包括到用户源文件中。在头文件中包含了与用到的函数有关的信息。例如使用标准输入输出库函数时,要用到"stdio.h"文件。文件后缀“h”是head的缩写,#include命令都是放在程序的开头,因此这类文件被称为“头文件”。在调用标准输入输出库函数时,文件开头应有以下预编译命令:

```
#include <stdio.h>
```

或

```
#include "stdio.h"
```

stdio.h是standard input &output的缩写，它包含了与标准I/O库有关的变量定义和宏定义(有关编译预处理知识见第8章)。

3.3.2 字符输出函数(putchar函数)

putchar函数的作用是向终端输出一个字符。一般格式为：

```
putchar(变量名)
```

如：

```
putchar(c);
```

它输出字符变量c的值。c可以是字符型变量或整型变量。

例3-1 利用putchar函数输出字符。

```
#include <stdio.h>
main()
{
 char c1,c2,c3;
 c1='Y';c2='O';c3='U';
 putchar(c1);putchar(c2);putchar(c3);
}
```

运行结果：

```
YOU
```

也可以输出控制字符，如putchar('\n')输出一个换行符，使输出的当前位置移到下一行的开头。如果将例3-1程序最后一行改为

```
putchar(c1);putchar('\n');putchar(c2);putchar('\n');putchar(c3);putchar('\n');
```

则输出结果为：

```
Y
O
U
```

也可以输出其他转义字符，如：

```
putchar('\101')        (输出字符'A')
putchar('\'')          (输出单引号字符')
putchar('\015')        (输出回车，不换行，使输出的当前位置移到本行开头)
```

3.3.3 格式输出函数(printf 函数)

1. 函数调用的一般形式

格式输出函数的作用是按格式控制所指定的格式，在标准输出设备上输出输出项列表中列出的各输出项。

printf 函数的一般调用格式为：

```
printf(格式控制,输出项表)
```

如果在 printf 函数调用之后加上“;”，就构成了输出语句。

例如：

```
printf("a= %d,b= %d",a,b);
```

其中 printf 是函数名；在圆括号中用双引号括起来的字符串，如"a=%d,b=%d"称为格式控制串；a、b 是输出项表中的输出项，它们都是 printf 函数的参数。

2. 格式控制

格式控制的作用有两个：

① 为各输出项提供格式转换说明。

② 提供需要原样输出的文字或字符。

格式控制的作用决定了它的组成，格式控制由格式说明和普通字符组成。

(1) 格式说明

格式说明由“%”和紧跟其后的格式描述符组成，用来指定输出数据的输出格式。C 语言规定，每个要输出的参数都必须用一个格式说明符指定其输出格式。例如上面 printf 函数中的两个%d，指定输出两个整型参数 a 和 b。

不同类型的数据需要不同的格式说明符来说明。例如，%d 指定输出整型数据，%f 或%e 用来指定输出实型数据。表 3-2 列出了 printf 函数中常用的格式说明符。根据输出数据的类型，输出格式说明符可以分为整型数据输出、实型数据输出、字符型数据输出。

表 3-2 printf 函数中常用的格式说明符

格式字符	说 明
c	以字符形式输出，只输出一个字符
d	以带符号的十进制形式输出整数(正数符号不输出)
o	以八进制无符号形式输出整数(不输出前导符 0)
x 或 X	以十六进制无符号形式输出整数(不输出前导符 0x 或 0X)
u	以无符号的十进制形式输出整数
f	以小数形式输出单、双精度数，隐含输出 6 位小数
e 或 E	以标准指数形式输出单、双精度数，数字部分小数位数为 6 位
s	以字符串形式输出
g	选用%f 或%e 格式中输出宽度较短的一种格式

① 整型数据输出

输出 int 或 short int 型数据的格式说明符有%d、%o、%x(或%X)、%u。因为整型数据在内存中一律按二进制补码的形式存放。用%d 输出时，将最高位视为符号位，按有符号数进行输出；用%o、%x(或%X)、%u 输出时，则将最高位视为数据位，按无符号数进行输出，其中%o 输出该数对应的八进制数，%x(或%X)输出对应的十六进制数(如果是%x，输出含小写字母表示的十六进制数，如果是%X，则输出含大写字母表示的十六进制数)，而%u则输出对应的无符号十进制数。

例 3-2 整型数据的输出。

```
main()
{
 unsigned int a=65535;
 int b=-2;
 printf("a= %d, %o, %x, %u\n",a,a,a,a);
 printf("b= %d, %o, %X, %u\n",b,b,b,b);
}
```

运行结果：

```
a=-1,177777,ffff,65535
b=-2,177776,FFFE,65534
```

② 实型数据输出

输出实型数据的格式说明符有%f、%e(或%E)、%g。按%f 输出小数形式的实型数据时，整数部分全部输出，小数部分固定输出 6 位；按%e(或%E)输出指数形式的实型数据时，尾数部分保留 1 位非零整数，指数部分为两位整数，中间的指数标识为小写字母“e”(按%E 输出时，指数标识为大写字母“E”)；而按%g 形式输出时，系统自动选择输出形式，使输出数据的宽度最小。

例 3-3 实型数据的输出。

```
main()
{
 float x,y;
 x=222222.22;
 y=333333.333;
 printf(" %f",x+y);
}
```

运行结果：

```
555555.5625
```

显然，只有前 7 位数字是有效数字。

注意：按格式说明符输出实型数据时，数据的有效位数是按整数部分和小数部分的位数合并考虑的。单精度实型数的有效位数为 7～8 位，双精度实型数的有效位数为 15～16 位，超出部分就不准确了。

③ 字符型数据输出

字符型数据输出用格式说明符%c 和%s。%c 指定输出一个字符，与 putchar 函数的功能相同；%s 指定输出一个字符串常量或一个字符数组中存放的字符串。

例 3-4　字符型数据的输出。

```
main()
{
 char c='a';
 int i=97;
 printf("%c,%d\n",c,c);
 printf("%c,%d\n",i,i);
 printf("%s\n","CHINA");
}
```

输出结果：

```
a,97
a,97
CHINA
```

注意：按照%s 输出字符串时，是从第一个字符开始输出，遇到字符串结束标志"\0"为止，而不是必须输出字符串中的所有字符。

(2) 附加格式说明符

附加格式说明符出现在%和格式描述符号之间，主要用于指定输出数据的宽度和输出形式，表 3-3 列出了 printf 函数中常用的附加格式说明符。

表 3-3　printf 函数中常用的附加格式说明符

符　号	说　明
l	表示长整型数据，可加在格式符 d、o、x、u 前面
m	指定输出字段的宽度
.n	对于实数，表示输出 n 位小数；对于字符串，表示截取的字符个数
+	使输出的数值数据无论正负都带符号输出
−	使数据在输出域内按左对齐方式输出

例 3-5　输出实数时指定小数位数。

```
main()
{
 float f=123.456;
 printf("%f  %10f  %10.2f  %.2f  %-10.2f\n",f,f,f,f,f);
}
```

运行结果：

```
123.456001  123.456001     123.46  123.46  123.46
```

其中" "代表一个空格，在本书程序及运行结果中的空格用" "表示。

注意：

- m用于指定数据的最小输出宽度(称为域宽)。对于实型数据,m指定的域宽包括整数位、小数点、小数位和符号所占的总位数。如果输出数据实际位数小于域宽,不足部分用空格补齐;如果超出域宽,则按实际宽度输出。
- 采用".n"形式说明时,如果小数实际位数超出n指定的倍数,则截取n位小数,并自动对后面的数四舍五入。
- 不使用"+"修饰时,正数不输出符号。不使用"-"修饰时,均在输出域内按右对齐方式输出数据。

(3) 普通字符

格式控制中前面没有"%"的字符都是普通字符,可以是可视字符,也可以是转义字符,在输出时会原样输出,例如前面的"a=,b="。

注意:格式控制中的转义字符会在输出时起到相应的控制作用。例如,输出'\n'。可以进行回车换行控制。

3.4　数据的输入

3.4.1　字符输入函数(getchar函数)

字符输入函数(getchar函数)的作用是从标准输入设备上输入一个字符。

函数调用的一般格式是:

```
getchar();
```

其中,getchar函数是一个无参函数,但调用getchar()函数时后面的括号不能省略。

在输入时,空格、回车键等都作为字符读入,而且,只有在用户按回车键后,读入才开始执行,一个getchar()函数只能接收一个字符。

例3-6　输入单个字符。

```
#include <stdio.h>
main()
{char c;
 c=getchar();
 putchar(c);
}
```

在运行时,如果从键盘输入字符"a"并按回车键,就会在屏幕上看到输出的字符"a"。

```
a↙            (输入'a'后,按回车键,字符才送到内存)
a             (输出变量c的值'a')
```

请注意,getchar()只能接收一个字符。getchar函数得到的字符可以赋给一个字符变量或整型变量,也可以不赋给任何变量,作为表达式的一部分。如,例3-6第4、5行可以用下面一行代替:

```
putchar(getchar());
```

因为 getchar()的值为“a”，因此 putchar 函数输出“a”。也可以用 printf 函数输出：

```
printf("%c",getchar());
```

请不要忘记，如果在一个函数中要调用 getchar 函数，应该在该函数的前面(或本文件的开头)加上“包含命令”＃include ＜stdio. h＞。

3.4.2　格式输入函数(scanf 函数)

1. 函数调用的一般格式

格式输入函数(scanf 函数)的功能是从键盘上输入数据，该输入数据按指定的输入格式被赋给相应的输入项。函数的一般格式为：

```
scanf(格式控制,地址表列)
```

其中“格式控制”规定数据的输入格式，必须用双引号括起来，其内容仅仅是格式说明。“地址列表”则由一个或多个地址组成的列表，可以是变量的地址，或字符串的首地址。

例 3－7　用 scanf 函数输入数据。

```
main()
{ int a,b,c;
 scanf("%d%d%d",&a,&b,&c);
 printf("%d,%d,%d\n",a,b,c);
}
```

运行时按以下方式输入 a、b、c 的值：

```
1 2 3↙           (输入 a、b、c 的值)
1,2,3            (输出 a、b、c 的值)
```

&a、&b、&c 中的“&”是“地址运算符”，&a 指在内存中的地址。上面 scanf 函数的作用是：按照 a、b、c 在内存的地址将 a、b、c 的值存进去。变量 a、b、c 的地址是在编译连接阶段分配的。

“%d%d%d”表示按十进制整数形式输入数据。输入数据时，在两个数据之间以一个或多个空格间隔，也可以用回车键、跳格键(tab 键)。下面输入均为合法：

① 1　2　3↙

② 1↙
　2　3↙

③ 1(按 tab 键)2↙
　3↙

用“%d%d%d”格式输入数据时，不能用逗号作两个数据间的分隔符，如下面输入不合法：

1,2,3↙

2. 格式控制

scanf()函数的格式控制中仅包括格式说明部分，这一点与格式输入函数不同。格式说明符由“%”和类型说明符组成，用于指定输入数据的类型及宽度。在“%”和类型说明符之间同样有附加的格式说明符，对输入的长整型和双精度实型数据作进一步的说明。

scanf()函数允许用于输入的字符格式和它们的功能如表 3-4 所示。表 3-5 列出 scanf 可以用的附加说明字符(修饰符)。在一些系统中，这些格式字符只允许用小写字母。

表 3-4　scanf 函数中使用的格式说明符

输入类型	字符	说　明
字符型数据	c	输入一个字符
	s	输入字符串
整型数据	d	输入十进制整型数
	i	输入整型数，整数可以是带前导 o 的八进制数，带前导 ox(或 OX)十六进制数
	o	以八进制形式输入整型数(可以带前导 o，也可以不带)
	x	以十六进制形式输入整型数(可以带前导 ox 或 OX，也可以不带)
	u	无符号十进制整数
实型数据	f(lf)	以带小数点的形式或指数形式输入单精度(双精度)数
	e(le)	与 f(lf)的作用相同

表 3-5　scanf()函数中使用的附加格式说明符

字符	说　明
l	用于输入长整型数据(可用%d，%lo，%lx)或 double 型数据(用%lf 或%le)
h	用于输入短整型数据(可用%hd，%ho，%hx)
m	用于指定输入数据的域宽
*	忽略读入的数据(即不将读入的数据赋给对应变量)

说明：

(1) 对 unsigned 型变量所需的数据，可以用%u，%d 或%o，%x 格式输入。

(2) 可以指定输入数据所占列数，系统自动按它截取所需数据。如：

```
scanf("%3d%3d",&a,&b);
```

输入：123456↙

系统自动将 123 赋给 a，456 赋给 b。此方法也可用于字符型：

```
scanf("%3c",&ch);
```

如果从键盘连续输入 3 个字符 abc，由于 ch 只能容纳一个字符，系统就把第一个字符“a”赋给 ch。

(3) 如果在%后有一个“*”附加说明符，表示跳过它指定的列数。

例如：

```
scanf("%2d  %*3d  %2d",&a,&b);
```

如果输入如下信息：

```
12  345  67↙
```

将12赋给a，%*3d表示读入3位整数但不赋给任何变量。然后再读入2位整数67赋给b。也就是说第2个数据“345”被跳过。在利用现成的一批数据时，有时不需要其中某些数据，可用此法“跳过”它们。

（4）输入数据时不能规定精度，例如：

```
scanf("%7.2f",&a);
```

是不合法的，不能企图用这样的scanf函数并输入以下数据而使a的值为12345.67。

```
1234567↙
```

3. 使用scanf函数时应注意的问题

（1）scanf函数中的“格式控制”后面应当是变量地址，而不应是变量名。例如，如果a、b为整型变量，则

```
scanf("%d,%d",a,b);
```

是不对的，应将“a,b”改为“&a,&b”。这是C语言与其他高级语言不同之处。许多初学者常在此出错。

（2）如果在“格式控制”字符串中除了格式说明以外还有其他字符，则在输入数据时应输入与这些字符相同的字符。例如

```
scanf("%d,%d",&a,&b);
```

输入时应用如下形式：

```
3,4↙
```

注意“3”后面是逗号，它与scanf函数中的“格式控制”中的逗号对应。如果输入时不用逗号而用空格或其他字符是不对的：

3 4↙　　　　（不对）

3:4↙　　　　（不对）

如果是

```
scanf("%d  %d",&a,&b);
```

输入时两个数据间应空2个或更多的空格字符。如：

```
10  25↙
```

或

```
10   25↙
```

如果是

```
scanf("%d:%d:%d",&h,&m,&s);
```

输入应该用以下形式：

```
8:26:56↙
```

如果是

```
scanf("a=%d,b=%d,c=%d",&a,&b,&c);
```

输入应该用以下形式：

```
a=12,b=24,c=36↙
```

这种形式是为了使用户输入数据时添加必要的信息以帮助理解，不易发生输入数据的错误。

(3) 在用“%c”格式输入字符时，空格字符和转义字符都作为有效字符输入：

```
scanf("%c%c%c",&c1,&c2,&c3);
```

如输入

```
a  b  c↙
```

字符“a”送给 c1，字符“ ”送给 c2，字符“b”送给 c3，因为%c 只要求读入一个字符，后面不需要用空格作为两个字符的间隔，因此“ ”作为下一个字符送给 c2。

(4) 在输入数据时，遇以下情况时该数据认为结束。

① 遇空格，或按“回车”或“跳格”(Tab)键。

② 按指定的宽度结束，如“%3”，只取 3 列。

③ 遇非法输入。

如

```
scanf("%d%c%f",&a,&b,&c);
```

若输入

```
123k123o.52↙
```

第一个数据对应%d 格式在输入 123 之后遇字母 a，因此认为数值 123 后已没有数字了，第一个数据到此结束，把 123 送给变量 a。字符“k”送给变量 b，由于%c 只要求输入一个字符，因此输入字符 k 之后不需要加空格，后面的数值应送给变量 c。如果由于疏忽把本来应为 1230.52 错打成了 123o.52，由于 123 后面出现字母“o”，就认为该数值数据到此结束，将 123 送给 c。

C 语言的格式输入输出的规定比较烦琐，用得不对就得不到预期的结果，而输入输出又是最基本的操作，几乎每一个程序都包含输入输出，不少编程人员由于掌握不好这方面的知识而浪费了大量调试程序的时间。因此我们作了比较仔细的介绍，以便在编程时有所遵循。但是，在学习本书时不必花许多精力去死抠每一个细节，重点掌握最常用的一些规则即可，其他部分在需要时随时查阅。这部分的内容建议自学和上机，教师不必在课堂上一一讲解，应当通过编写和调试程序来逐步深入而自然地掌握输入输出的应用。

3.5 小型案例

通过案例总结一下顺序结构程序设计的应用。本案例中使用了 int 类型的数据(使用/和%)和 char 类型的数据。

问 题

本地银行储蓄所有很多顾客周期性地将零钱存进自己的账户。请编写一个程序，与银行的顾客交互，从而确定硬币总共是多少钱。

分　析

为了解决这个问题，我们需要从顾客那里获得每种硬币的数量(yuan、wujiao、jiao)。从所获得的数字中，我们就可以确定这些硬币的总值(以角为单位)。得到硬币的总值后，我们可以用 10 去除这个数，从而获得硬币总共是多少元，除得的余数就是零头。下面的数据需求中将硬币的总值以变量 total 列出，因为它只是计算过程的一部分，而不参与结果的输出。为了使得与顾客的交互更人性化，可以在询问硬币数量之前，先获得该顾客的姓名缩写。

数据需求

问题输入

```
char first,middle,last        /* 存放顾客姓名的首字母的变量 */
int yuan                      /* 存放 1 元硬币的个数的变量 */
int wujiao                    /* 存放 5 角硬币的个数的变量 */
int jiao                      /* 存放 1 角硬币的个数的变量 */
```

问题输出

```
int rmbyuan                   /* 存放元值的变量 */
int rmbjiao                   /* 存放角值的变量 */
```

附加的问题变量

```
int total                     /* 存放硬币的总值 */
```

设　计

初始算法

1. 获得并显示顾客的姓名缩写。
2. 获得每种硬币的数量。
3. 计算硬币的总值(以角为单位)。
4. 计算出元和零头。
   4.1　元数就是 total 与 10 整除的商。
   4.2　零头就是 total 与 10 整除的余数部分。
5. 显示出元和零头。

程序流程图如图 3-3 所示。

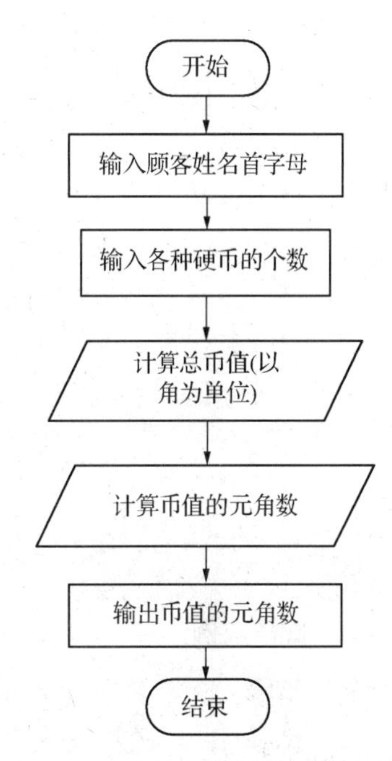

图 3-3　硬币币值计算流程图

实 现

下面这几条语句：

```
scanf(" %c %c %c",&first,&middle,&last);
```

printf("你好 %c%c%c,我们一起看看你的硬币是多少。\n",first,middle,last);

会将三个字符放到 first、middle 和 last 中，然后在欢迎消息中对顾客显示出来。

下面这些语句：

```
total=10*yuan+5*wujiao+jiao;将实现算法的步骤 3。
```

下面这些语句：

```
rmbyuan=total/10;
rmbjiao=total%10;
```

将实现算法的步骤 4.1 和 4.2。最后的 printf 调用将显示结果。

```
#include <stdio.h>
int main(void)
{
 char first,middle,last;
 int yuan,wujiao,jiao;
 int rmbyuan,rmbjiao;
 int total;
 printf("请输入你姓名的首字母:");
 scanf(" %c %c %c",&first,&middle,&last);
 printf("你好 %c%c%c\n我们一起看看你的硬币是多少。
                          \n",first,middle,last);
 printf("1元的硬币个数是:");
 scanf(" %d",&yuan);
 printf("5角的硬币个数是:");
 scanf(" %d",&wujiao);
 printf("1角的硬币个数是:");
 scanf(" %d",&jiao);
 total=10*yuan+5*wujiao+jiao;
 rmbyuan=total/10;
 rmbjiao=total%10;
 printf("\n你的硬币一共是%d元%d角。\n",rmbyuan,rmbjiao);
 }
```

运行示例：

```
请输入你姓名的首字母:jhb↙
你好 jhb,我们一起看看你的硬币是多少。
1元硬币的个数是:8↙
```

```
5 角硬币的个数是:20↙
1 角硬币的个数是:52↙

你的硬币一共是 23 元 2 角。
```

测　试

要想测试这个程序，我们可以用一些总和是整数元的硬币数量来运行该程序。例如，3 枚 yuan、0 枚 wujiao、92 枚 jiao，结果应该是 12 元 2 角。然后增加或减少不同硬币的个数来验证是否会得到正确的结果。

3.6　小　　结

本章通过任务了解语句的类型，并详细讨论了 C 语言的输入/输出函数。本章需要掌握的知识点有：

1. C 语言的语句类型有：表达式语句、函数调用语句、控制语句、空语句和复合语句。

2. 数据输出函数有：putchar 函数和 printf 函数。

(1) putchar 函数是单个字符输出函数。函数调用的一般格式是：

```
putchar(c);
```

其中，putchar 是函数名，圆括号中的 c 是函数参数，可以是字符型或整型的常量、变量或表达式。

(2) printf 函数是格式输出函数。作用是按格式控制所指定的格式，在标准输出设备上显示输出项列表中列出的输出项。

printf 函数的一般调用格式为：

```
printf(格式控制,输出项表);
```

其中格式控制包括格式标识符和普通字符。输出项表由若干个输出项构成，输出项之间用逗号隔开，每个输出项既可以是常量、变量，也可以是表达式。

3. 数据输入函数有：getchar 函数和 scanf 函数。

(1) getchar 函数的作用是从标准输入设备上输入一个字符。

函数调用的一般格式是：

```
getchar ();
```

其中，getchar 函数是一个无参函数，但调用 getchar()函数时后面的括号不能省略。

在输入时，空格、回车键等都作为字符读入，而且，只有在用户键入回车键后，读入才开始执行，一个 getchar()函数只能接收一个字符。

(2) scanf()函数功能是从键盘上输入数据，该输入数据按指定的输入格式被赋给相应的输入项。函数的一般格式为：

```
scanf(格式控制,输入项表);
```

其中格式控制规定数据的输入格式，必须用双引号括起来，其内容仅仅是格式说明。输入项表则由一个或多个变量地址组成，当变量地址有多个时，各变量地址之间用逗号“,”隔开。

4. 通过案例了解，顺序结构是将语句从前到后顺序执行的结构。

习　题

一、选择题

1. 若有以下程序段

```
int m=32767,n=032767;
printf("%d,%o\n",m,n);
```

执行后输出结果是(　　)。

A. 32767,32767　　B. 32767,032767

C. 32767,77777　　D. 32767,077777

2. 有定义语句“int x,y;”，若通过“scanf("%d,%d",&x,&y);”语句使变量 x 得到数值 11，变量 y 得到数值 12，下面 4 组输入形式中，错误的是(　　)。

A. 11　12＜回车＞　　B. 11,　12＜回车＞

C. 11,12＜回车＞　　D. 11,＜回车＞12＜回车＞

3. 有以下程序：

```
main()
{
 int a;
 char c=10;
 float f=100.0;
 double x;
 a=f/=c*=(x=3.5);
 printf("%d  %d  %3.1f  %3.1f\n",a,c,f,x);
}
```

程序运行后的输出结果是(　　)。

A. 1　35　2.9　3.5　　B. 2　35　2.9　3.5

C. 1　35　2.0　3.5　　D. 2　35　2.0　3.5

4. 下列程序的输出结果是(　　)。

```
main()
{
 char x='0',y='9';
 printf("%c,%d,%d",x,x+y,x-y);
}
```

A. 0,105,−9　　B. 0,9,−9

C. ‘0’,105, −9　　D. ’0’,9,−9

二、填空题

1. 以下程序运行后的输出结果是________。

```
main()
{
 char c1='o',c2='k';
 putchar(c1);
 putchar(c2);
}
```

2. 下列程序的输出结果是________。

```
main()
{
 float x=7.5;int y=9+7.5;
 printf("%4.2f,%d",x,y);
}
```

3. 下列程序的输出结果是________。

```
main()
{
 int x=97;char y='b';
 printf("%c,%d",x,y);
}
```

三、编程题

1. 使用 getchar 函数输入一个字符,通过 putchar 函数把此字符的后继字符输出。

2. 设圆半径 r=1.7,圆柱高 h=3,求圆周长、圆面积、圆球表面积、圆球体积、圆柱体积。用 scanf 函数输入数据,输出计算结果,输出时要求文字说明,取小数点后两位数字。

第4章　选择结构程序设计

在第1章中已介绍了选择结构，它是三种基本结构之一。在大多数程序中都会包含选择结构。它的作用是，根据所指定的条件是否满足，决定从给定的两组操作中选择其一。在本章中介绍如何用C语言实现选择结构。

4.1　任务4——有节约要求的水费问题

问　题

为提倡节约用水，按照每月每户每人3吨水进行定量，标准以内的用水量水费为每吨1.51元，超额的部分2倍付费。需要我们编写程序来解决每户每个月要交的水费问题。

分　析

解决这个问题，首先需要知道每户的人口数(用变量person表示)，及每个月所用的水量(用变量water表示)。计算是否超出了定量标准，再进行水费的计算。

数据需求

程序常量
DOSAGE 3
CRITERION 1.51
输入数据
int person　　　　　　　　/*存放人口数*/
float previous,behind　　　/*存放上个月水表读数,这个月水表读数*/
输出数据
int ration　　　　　　　　/*每户标准用水量*/
float water,charge　　　　/*用水总量,总水费*/

设　计

初始算法。

1. 获取数据：水表上个月的读数和这个月的读数，读入人口数
2. 计算用水量：water＝behind-previous。
3. 计算用水标准量：ration＝person*DOSAGE
4. if没有超出标准用水量

```
    charge=water * CRITERION
  else
    charge=ration * CRITERION+(water-ration) * 2 * CRITERION
```

5. 显示水费总数。

程序流程图如图 4 - 1 所示。

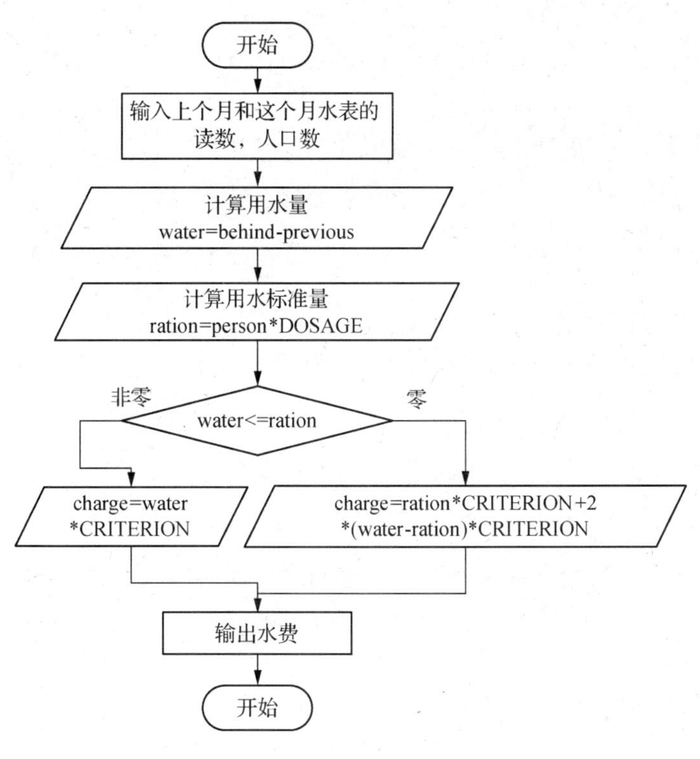

图 4 - 1　任务 4 流程图

实　现

如果条件 water<=ration 求值为真,则按上述方法计算使用费用,否则超出部分的费用按照基准费率的 2 倍计算。

```
#include <stdio.h>
#define DOSAGE 3
#define CRITERION 1.51
main()
{
  int person,ration;
  float previous,behind,water,charge;
  printf("请输入人口数、上月水表读数、本月水表读数:");
  scanf("%d %f %f",&person,&previous,&behind);
  ration=person * DOSAGE;
```

```
  water=behind-previous;
  if(water<=ration)                    /* 条件判断,分支选择 */
    charge=water * CRITERION;
  else
    charge=ration * CRITERION+(water-ration) * 2 * CRITERION;
  printf("\n用户水费是:%.2f\n",charge);
}
```

运行结果:

```
请输入人口数、上月水表读数、本月水表读数:5  1251  1321↙
用户水费是:188.75
```

测 试

通过设置多组模拟数据进行程序测试,发现输入的人口数必须要大于或等于1,本月水表读数必须要大于或等于上月水表读数,才能保证结果的正确性。

4.2 if 语句

if语句是用来判定所给定的条件是否满足,根据判定的结果(真或假)决定执行给出的两种操作之一。

4.2.1 if语句的三种形式

C语言提供了三种形式的if语句:

1. 单分支if语句

if(表达式)语句

例如:

```
if(x>y)printf("%d",x);
```

这种if语句的执行过程见图4-2(a)。

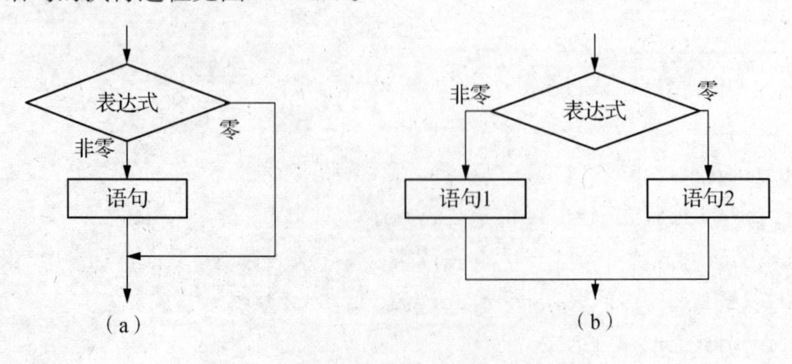

图4-2 单分支、双分支语句执行过程

2. 双分支 if 语句

if(表达式)语句1 else 语句2

例如：

```
if(x>y)printf("%d",x);
else printf("%d",y);
```

见图4-2(b)。

3. 多分支 if 语句

if(表达式1)语句1
　else if(表达式2) 语句2
　　　else if(表达式3) 语句3
　　　　　……
　　　　else if(表达式m) 语句m
　　　　　　else 语句

流程图见图4-3。

例如：

```
if(number>500) cost=0.15;
else if(number>300) cost=0.10;
  else if(number>100) cost=0.075;
      else if(number>50) cost=0.05;
          else cost=0;
```

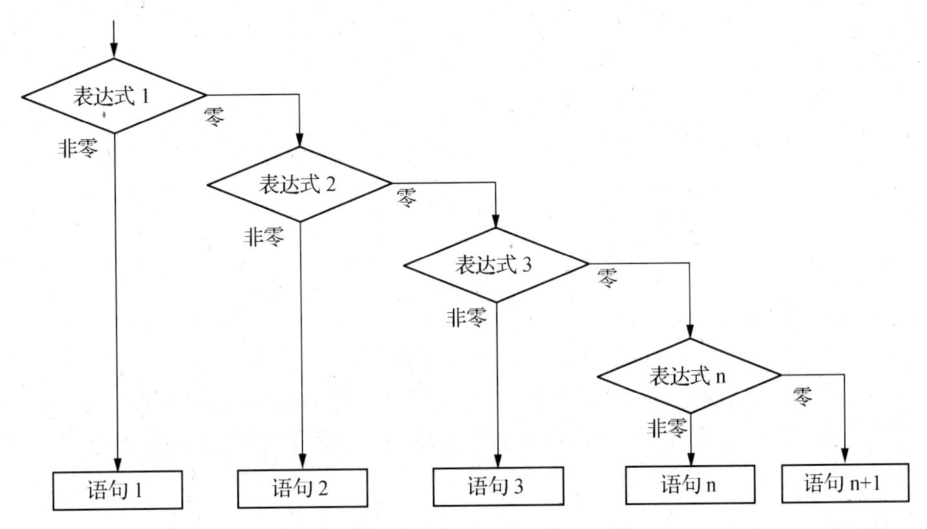

图4-3　多分支 if 语句执行过程

说明：

(1) 三种形式的 if 语句中，在 if 后面都有"表达式"，一般为逻辑表达式或关系表达式。例如，if(a==b&&x==y) printf("a=b,x=y")；在执行 if 语句时先对表达式求解，若表达式的值为0，按"假"处理；若表达式的值为非0，按"真"处理，执行指定的语句。假如有以下 if 语句：

```
if(5) pritnf("YES.");
```

是合法的，执行结果输出“YES.”，因为表达式的值为 5，按“真”处理。由此可见，表达式的类型不限于逻辑表达式，可以是任意的数值类型(包括整型、实型、字符型、指针型数据)。例如，下面的 if 语句也是合法的：

```
if('a') printf("%d",'a');
```

执行结果：97　　　　　　　　/* 输出“a”的 ASCII 值 */

(2) 第二、第三种形式的 if 语句中，在每个 else 前面有一分号，整个语句结束处有一分号。例如：

```
if(x>0)
  printf("%f",x);
else
  printf("%f",-x);
```

这是由于分号是 C 语句中不可缺少的部分，这个分号是 if 语句中的内嵌语句所要求的。如果无此分号，则将出现语法错误。但应注意，不要误认为上面是两个语句(if 语句和 else 语句)，它们都属于同一个 if 语句。else 子句不能作为语句单独使用，它必须是 if 语句的一部分，与 if 配对使用。

(3) 在 if 和 else 后面可以只含一个内嵌的操作语句(如上例)，也可以有多个操作语句，此时用花括号“{}”将几个语句括起来成为一个复合语句。如：

```
if(a+b>c&&b+c>a&&c+a>b)
 {
  s=0.5*(a+b+c);
  area=sqrt(s*(s-a)*(s-b)*(s-c));
  pritnf("area=%6.2f",area);
 }
else pritnf("it is not a trilateral");
```

注意在第 3 行的花括号“}”外面不需要再加分号。因为{}内是一个完整的复合语句，不需另附加分号。

例 4-1　输入两个实数，按代数值由小到大的次序输出这两个数。

这个问题的算法很简单，只需要做一次比较即可。对类似这样简单的问题可以不必先写出算法或画流程图，而直接编写程序。或者说，算法在编程者的脑子里，相当于在算术运算中对简单的问题可以“心算”而不必在纸上写出来一样。

程序如下：

```
main()
{
 float a,b,t;
 scanf("%f,%f",&a,&b);
 if(a>b)
```

```
{
 t=a;a=b;b=t;
}
printf("%5.2f,%5.2f",a,b);
}
```

运行情况如下：

```
2.8,-6.3↙
-6.30,2.80
```

例 4-2　输入 3 个数 a,b,c,要求按由小到大的顺序输出。

解此题的算法比上一题稍复杂一些。可以用伪代码写出算法：

if a>b 将 a 和 b 对换　　（a 是 a,b 中的小者）

if a>c 将 a 和 c 对换　　（a 是 a,c 中的小者,因此 a 是三者中最小者）

if b>c 将 b 和 c 对换　　（b 是 b,c 中的小者,也是三者中次小者）

然后顺序输出 a,b,c 即可。

按此算法编写程序：

```
main()
{
 float a,b,c,t;
 scanf("%f,%f,%f",&a,&b,&c);
 if(a>b)
  {t=a;a=b;a=t;}          /*实现 a 和 b 的互换*/
 if(a>c)
  {t=a;a=c;c=t;}          /*实现 a 和 c 的互换*/
 if(b>c)
  {t=b;b=c;c=t;}          /*实现 b 和 c 的互换*/
 printf("%5.2f,%5.2f,%5.2f",a,b,c);
}
```

运行情况如下：

```
5,-3,2↙
-3.00,2.00,5.00
```

4.2.2　if 语句的嵌套

在 if 语句中又包含一个或多个 if 语句称为 if 语句的嵌套。一般形式如下：

```
if ( )
   if ( ) 语句 1 ┐
   else  语句 2 ┘ 内嵌 if
else
```

```
  if ( ) 语句3 ┐
  else  语句4 ┘内嵌 if
```

应当注意 if 与 else 的配对关系。else 总是与它上面的最近的 if 配对。假如写成：

```
if ( )
  if ( ) 语句1 ┐
else           │
  if ( ) 语句2 │内嵌 if
  else  语句3 ┘
```

编程序者把 else 写在与第一个 if(外层 if)同一列上，希望 else 与第一个 if 对应，但实际上 else 是与第二个 if 配对，因为它们相距最近。因此最好使内嵌 if 语句也包含 else 部分，这样 if 的数目和 else 的数目相同，从内层到外层一一对应，不致出错。

如果 if 与 else 的数目不一样，为实现程序设计者的意图，可以加花括号来确定配对关系。例如：

```
┌if ( )
│  {if ( ) 语句1}        (内嵌 if)
└else 语句2
```

这时{}限定了内嵌 if 语句的范围，因此 else 与第一个 if 配对。

例 4-3　有一个函数

$$y=\begin{cases}-1 & (x<0)\\ 0 & (x=0)\\ 1 & (x>0)\end{cases}$$

编一个程序，输入一个 x 值，输出 y 值。

可以先写出算法：

输入 x

若 x<0 y=-1

若 x=0 y=0

若 x>0 y=1

输出 y

或：

输入 x

若 x<0 y=-1

否则：

　　若 x=0 y=0

　　若 x>0 y=1

输出 y

也可以流程图表示，见图 4-4。

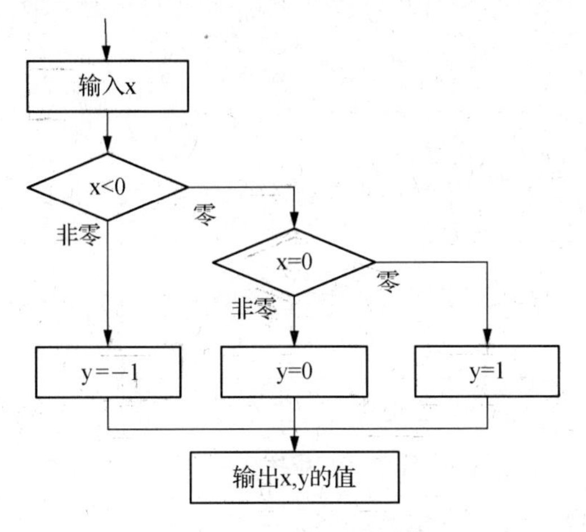

图 4－4　程序 1 流程图

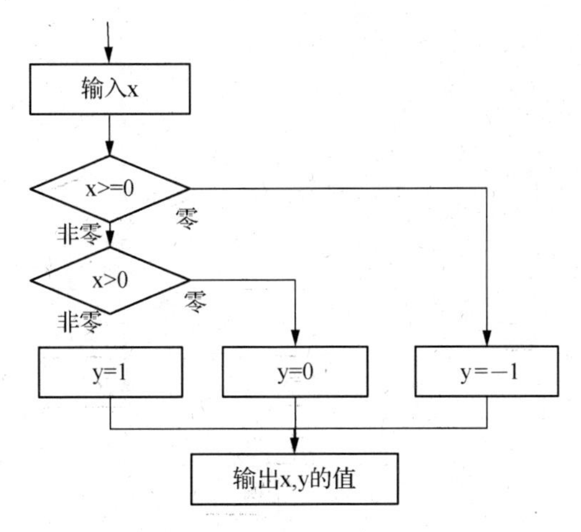

图 4－5　程序 2 流程图

有以下几个程序，请读者判断哪个是正确的。

程序 1：

```
main()
{
 int x,y;
 scanf("%d",&x);
 if(x<0) y=-1;
 else if(x==0) y=0;
     else y=1;
 printf("x=%d,y=%d\n",x,y);
}
```

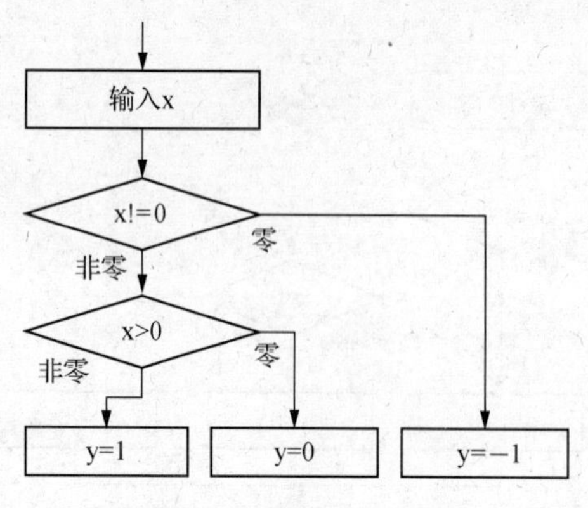

图 4-6 程序 3 流程图

程序 2:将上面程序的 if 语句(第 4—6 行)改为:

```
if(x>=0)
  if(x>0) y=1;
  else y=0;
else y=-1;
```

程序 3:将上述 if 语句改为:

```
y=-1;
if(x! =0)
  if(x>0) y=1;
else y=0;
```

程序 4:

```
y=0;
if(x>=0)
  if(x>0) y=1;
else y=-1;
```

只有程序 1 和程序 2 是正确的。程序 1 体现了图 4-4 的流程,显然它是正确的。程序 2 的流程图见图 4-5,它也能实现题目的要求。程序 3 的流程图见图 4-6,程序 4 的流程图见图 4-7,它们不能实现题目的要求。请注意程序中的 else 与 if 的配对关系。例如程序 3 中的 else 子句是和它上一行的内嵌的 if 语句配对,而不与第 2 行的 if 语句配对。为了使逻辑关系清晰,避免出错,一般把内嵌的 if 语句放在外层的 else 子句中(如程序 1 那样),这样由于有外层的 else,不会被误认为和外层的 if 配对,而只能与内嵌的 if 配对。这样就不会搞混,而像程序 3 和程序 4 那样写就很容易出错。

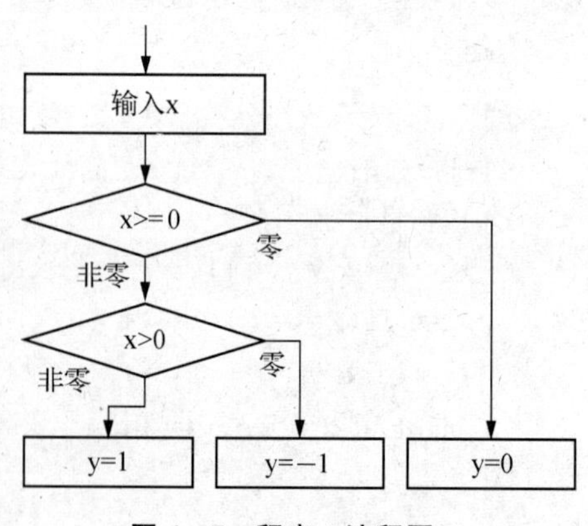

图 4-7 程序 4 流程图

4.3　switch 语句

switch 语句是多分支选择语句，用来实现多分支选择结构。if 语句只有两个分支可供选择，而实际问题中常常需要用到多分支的选择。例如，学生成绩分类(90 分以上为 A 等，80～89 分为 B 等，70～79 分为 C 等……)；人口统计分类(按年龄分为老、中、青、少、儿童)；工资统计分类；银行存款分类……

当然这些都可以用嵌套的 if 语句来处理，但如果分支较多，则嵌套的 if 语句层数多，程序冗长而且可读性降低。C 语言提供 switch 语句直接处理多分支选择，它相当于 PASCAL 语言中的 CASE 语句。它的一般形式如下：

```
switch(表达式)
{
 case 常量表达式 1:语句 1
 case 常量表达式 2:语句 2
  …
 case 常量表达式 n: 语句 n
 default: 语句 n+1
}
```

例如，要求按照考试成绩的等级打印出百分制分数段，可以用 switch 语句实现：

```
switch(grade)
{
 case 'A':printf("85～100\n");
 case 'B':printf("70～84\n");
 case 'C':printf("60～69\n");
 case 'D':printf("<60\n");
 default printf("error\n");
}
```

说明：

(1) switch 后面括号内的“表达式”，ANSI 标准允许它为任何类型。

(2) 当表达式的值与某一个 case 后面的常量表达式的值相等时，就执行此 case 后面的语句。若所有的 case 中的常量表达式的值都没有与表达式的值匹配的，就执行 default 后面的语句。

(3) 每一个 case 的常量表达式的值，必须互不相同，否则就会出现互相矛盾的现象(对表达式的同一个值，有两种或多种执行方案)。

(4) 各个 case 和 default 的出现次序不影响执行结果。例如，可以先出现“default:…”，再出现“case 'D':…”，然后“case 'A':…”。

(5) 执行完一个 case 后面的语句后，流程控制转移到下一个 case 继续执行。“case 常量表达式”只是起语句标号作用，并不是在该处进行条件判断。在执行 switch 语句时，根据

switch后面表达式的值找到匹配的入口标号，就从此标号开始执行下去，不再进行判断。例如，上面的例子中，若grade的值等于A，则将连续输出：

```
85～100
70～84
60～69
<60
error
```

因此，应该在执行一个case分支后，使流程跳出switch结构，即终止switch语句的执行。可以用一个break语句来达到此目的。将上面的switch结构改写如下：

```
switch(grade)
{
 case 'A':printf("85～100\n");break;
 case 'B':printf("70～84\n");break;
 case 'C':printf("60～69\n");break;
 case 'D':printf("<60\n");break;
 default:printf("error\n");
}
```

最后一个分支(default)可以不加break语句。如果grade的值为B，则只输出"70～84"。switch～case流程图见图4-8。

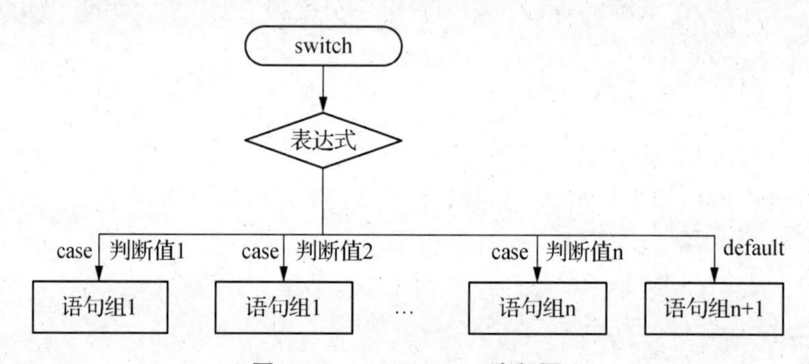

图4-8 switch～case流程图

在case后面虽然包含一个以上执行语句，但可以不必用花括号括起来，会自动顺序执行本case后面所有的执行语句。当然加上花括号也可以。

(6) 多个case可以共用一组执行语句，如：

```
…
case 'A':
case 'B':
case 'C':printf(">60\n");break;
…
```

grade的值为"A"、"B"或"C"时都执行同一组语句。

4.4 小型案例

问 题

运输公司对用户计算运费。路程(s)越远,每公里运费越低。标准如下:

s<250km	没有折扣
250≤s<500	2%折扣
500≤s<1000	5%折扣
1000≤s<2000	8%折扣
2000≤s<3000	10%折扣
3000≤s	15%折扣

分 析

设每公里每吨货物的基本运费为 p(price 的缩写),货物重为 w(weight 的缩写),距离为 s(space 的缩写),折扣为 d(discount 的缩写),则总运费 f(freight 的缩写)的计算公式为:

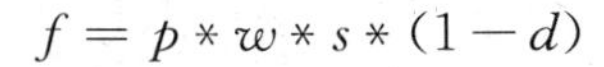

$$f = p * w * s * (1 - d)$$

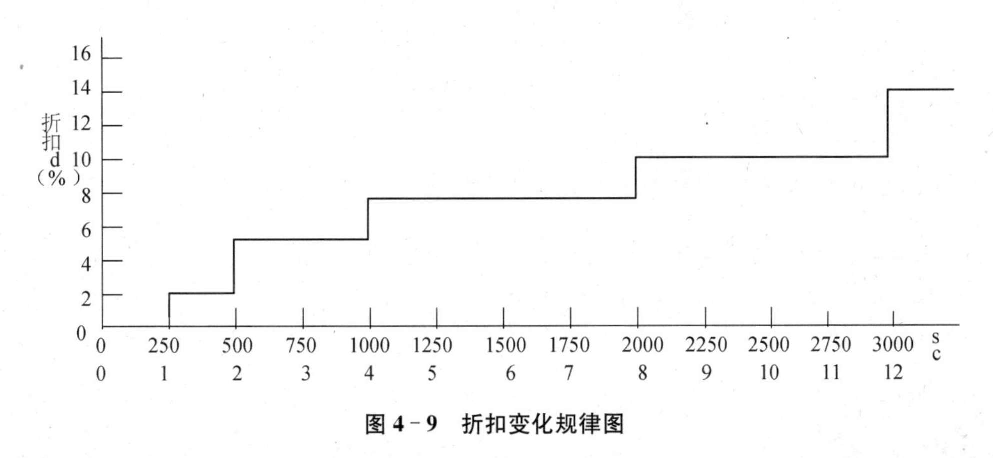

图 4-9　折扣变化规律图

设 计

分析此问题,折扣的变化是有规律的:从图 4-9 可以看到,折扣的"变化点"都是 250 的倍数(250,500,1000,2000,3000)。利用这一特点,可以在横轴上加一种坐标 c,c 的值为 s/250。c 代表 2-50 的倍数。当 c<1 时,表示 s<250,无折扣;1≤c<2 时,表示 250≤s<500,折扣 d=2%;2≤c<4 时,d=5%;4≤c<8 时,d=8%;8≤c<12 时,d=10%;c≥12 时,d=15%。

实 现

据此写出程序如下:

```
main()
{
  int c,s;
  float p,w,d,f;
  printf("\n请输入基本运费,货物重量,运输距离:");
  scanf("%f %f %d",&p,&w,&s);
  if(s>=3000) c=12;
  else c=s/250;
  switch(c)
  {
    case 0:d=0;break;
    case 1:d=2;break;
    case 2:
    case 3:d=5;break;
    case 4:
    case 5:
    case 6:
    case 7:d=8;break;
    case 8:
    case 9:
    case 10:
    case 11:d=10;break;
    case 12:d=15;break;
  }
  f=p*w*s*(1-d/100.0);
  printf("货物运费为:%15.4f\n",f);
}
```

运行示例:

```
100,20,300↙
freight=588000.0000
```

测 试

通过设置不同的基本运费、运输路程与货重,检验解决问题的正确性,输入数据要求具有实际应用价值。程序能满足解决实际问题的功能。

4.5 小 结

选择结构是构成程序的三种基本结构之一,C语言中实现选择结构的语句有两种,即if

语句和 switch 语句。本章主要讨论了它们的使用语法及相关内容。学习的重点有：

1. if 语句的三种基本形式

(1) 单分支 if 语句

语句的格式：

```
if(条件表达式)
{
 语句
}
```

(2) 双分支 if 语句

语句的格式：

```
if(条件表达式)
  {语句 1}
else {语句 2}
```

(3) 多分支 if 语句

多分支 if 语句的格式为：

```
if(条件表达式 1) {语句 1}
else if(条件表达式 2) {语句 2}
else if(条件表达式 3) {语句 3}
……
else if(条件表达式 m) {语句 m}
else {语句 n}
```

2. 使用 if 语句的注意事项

(1) if 语句中的“表达式”必须用“()”括起来。“表达式”除常见的关系表达式或逻辑表达式外，也允许是其他类型的数据，如整型、实型、字符型等。

(2) else 子句(可选)是 if 语句的一部分，必须与 if 配对使用，不能单独使用。

(3) “语句组 1”和“语句组 2”，可以只包含一个简单语句，也可以是复合语句。当 if 和 else 后面的语句组仅由一条语句构成时，也可不使用复合语句形式(即去掉花括号)。

(4) if 语句允许嵌套，但嵌套的层数不宜太多。在实际编程时，应适当控制嵌套层数(2～3层为宜)。if 语句嵌套时，else 子句与 if 的匹配原则：与在它上面，距它最近，且尚未匹配的 if 配对。为明确匹配关系，避免匹配错误，强烈建议：将内嵌的 if 语句，一律用花括号括起来。

3. switch 语句用来实现多分支结构的程序设计

switch 语句的基本格式是：

```
switch(表达式)
{
  case 常量表达式 1:语句 1;[break;]
  case 常量表达式 2:语句 2;[break;]
```

```
  ......
  default:语句 n;
}
```

case 后面常量表达式仅起语句标号作用,并不进行条件判断。系统一旦找到入口标号,就从此标号开始执行,不再进行标号判断。

习 题

一、选择题

1. 为了避免嵌套 if-else 语句的二义性,C 语言规定 else 总是(　　)组成配对关系。

A. 缩排位置相同的 if　　B. 在其之前未配对的 if

C. 在其之前未配对的最近的 if　　D. 同一行上的 if

2. 选择合法的 if 语句(设 int x,a,b,c;)(　　)。

A. if(a≠b) x++;　　B. if(a<=b) x++;

C. if(a<>b) x++;　　D. if(a≥b) x++;

3. 在 C 语言的 if 语句中,用作判断的表达式为(　　)。

A. 关系表达式　　B. 逻辑表达式

C. 算术表达式　　D. 任意表达式

4. 若有以下语句组,则输出结果是(　　)。

```
int x=0;
if(x++<0)
printf("%d",--x);
printf("%d",x++);
```

A. −1　　B. 1　　C. −1−1　　D. −1 0

5. 下列条件语句中,功能与其他语句不同的是(　　)。

A. if(a) printf("%d\n",x); else printf("%d\n",y);

B. if(a==0)printf("%d\n",y); else printf("%d\n",x);

C. if(a! =0) printf("%d\n",x); else printf("%d\n",y);

D. if(a==0) printf("%d\n",x); else printf("%d\n",y);

6. 以下程序段运行后,x 的值是(　　)。

```
int a,b,x,c;
 a=b=c=0;
 x=35;
 if(! a)
  x--;
 else if(b);
 if(c)
```

```
  x=3;
 else
  x=4;
```

A. 34　　B. 4　　C. 35　　D. 3

7. 以下程序的输出结果是(　　)。

```
main()
{
  int a=2,b=-1,c=2;
  if(a<b)
  if(b<0)
   c=0;
  else
   c++;
  printf("%d\n",c);
}
```

A. 0　　B. 1　　C. 2　　D. 3

二、填空题

1. 以下程序执行后输出结果是________。

```
main()
{
 int p,a=5;
 if(p=a! =0)
  printf("%d\n",p);
else
 printf("%d\n",p+2);
}
```

2. 以下程序的运行结果是________。

```
main()
{
 int x=1,y=1;
 switch(x)
 {
  case 1:
  switch(y)
  {
  case 0:printf("y is 0.\n");break;
  case 1:printf("y is 1.\n");break;
  default:printf("y is unknown.\n");break;
```

```
  }
 case 2:printf("I do this.\n");
}}
```

3. 以下程序的运行结果是________。

```
main()
{
 int a,b;
 a=3;b=5;
 switch(a-1)
 {
  case 0:
  case 1:b+=4;
  case 2:
  case 3:b*=4;
  case 4:b+=4;
  default:b/=4;
 }
 printf("%d %d\n",a,b);
}
```

4. 以下程序对输入的大写英文字母,按字母表的顺序循环后移3个位置输出。如A变成D,Y变成B,请填空。

```
main()
{
 char c;
 c=getchar();
 if ____________
 else if ____________
 putchar(c);
}
```

三、编程题

1. 求方程 $ax^2+bx+c=0$。

2. 从键盘输入任意字符,判断该字符是数字、大写字母还是小写字母。

3. 编写程序,输入一个整数,打印出它是奇数还是偶数。

4. 计算个人工资所得的纳税额。

纳税额计算方法如下:

1 200元以内不纳税,超过1 200元的部分为应纳税部分,计算办法为:应纳税部分≤500元,税率为5%;500<应纳税部分≤2 000,税率10%;2 000<应纳税部分≤5 000,税率15%;5 000<应纳税部分≤20 000,税率20%;20 000<应纳税部分,税率25%。

第 5 章　循环结构程序设计

在许多问题中需要用到循环控制。例如，要输入全校学生成绩；求若干个数之和；迭代求根等。几乎所有实用的程序都包含有循环。循环结构是结构化程序设计的基本结构之一，它和顺序结构、选择结构共同作为各种复杂程序的基本结构单元。因此，熟练掌握选择结构和循环结构的概念及使用是程序设计的最基本要求。

1. 用 while 语句；
2. 用 do - while 语句；
3. 用 for 语句；
4. 用 goto 语句和 if 语句构成循环。

5.1 任务 5——公司员工薪水计算

问　题

公司需要计算每一位员工的薪水，实行的是计时工资制，按照实际工作的时间(小时)与每小时的报酬计算员工所得薪水，并统计出公司支付的总薪水。

分　析

解决这个问题，首先需要知道公司的员工数量，用变量 number 表示，每个员工的工作时间(hours)及每小时的报酬(rate)。多位员工薪水的计算是一件重复的工作，可以通过循环来实现。

数据需求

循环变量
```
i
```
输入数据
```
int number                  /* 存放员工数 */
float hours,rate            /* 存放工作时间,每小时报酬数 */
```
输出数据
```
float pay                   /* 每个员工的薪水 */
float payroll               /* 公司支付的总薪水 */
```

设 计

1. 获取数据:公司的员工数,循环取得各个员工的工作时间和每小时报酬数。

循环体内容:

(1) 计算员工的薪水:pay=hours * rate。

(2) 显示员工的薪水。

(3) 统计公司支付总薪水:payroll+=pay。

2. 显示公司支付总薪水。

程序流程图如图 5-1 所示。

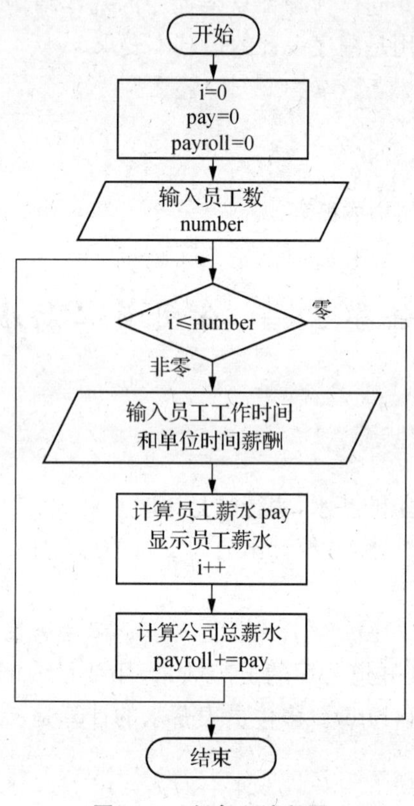

图 5-1 任务 3 流程图

实 现

通过获取员工数,循环变量 i≤number 时,依次获得员工信息,计算出员工薪水,并合计计算出公司支付总薪水。

```
#include <stdio.h>
main()
{
  int i,number;
  float hours,rate,pay=0;
  double payroll=0;
```

```
  printf("\n 请输入公司员工数:");
  scanf("%d",&number);
  for(i=0;i<number;i++)
  {
    printf("\n 工作时间:");
    scanf("%f",&hours);
    printf("\n 每小时工作报酬:¥");
    scanf("%f",&rate );
    pay=hours * rate;
    printf("\n 薪水是:¥%f",pay);
    payroll+=pay;
  }
  printf("\n 所有员工薪水计算完毕!");
  printf("\n 公司支付总薪水是:¥%.2f\n",payroll);
}
```

运行结果:

```
请输入公司员工数:3↙
工作时间:68↙
每小时工作报酬:¥10.00↙
薪水是:¥680.00
工作时间:8↙
每小时工作报酬:¥30.00↙
薪水是:¥240.00
工作时间:12↙
每小时工作报酬:¥80.00↙
薪水是:¥960.00
所有员工薪水计算完毕!
公司支付总薪水是:¥1880.00
```

测　试

通过设置多组模拟数据进行程序测试,发现输入的人口数必须要大于 0,相关的工作时间与每小时工作报酬须是正数,程序运行的结果才有意义。

5.2　while 语句

while 语句用来实现“当型”循环结构。其一般形式如下;

```
while (表达式) 语句
```

当表达式为非 0 时,执行 while 语句中的内嵌语句。其流程图见图 5-2。其特点是:先判断表达式,后执行语句。

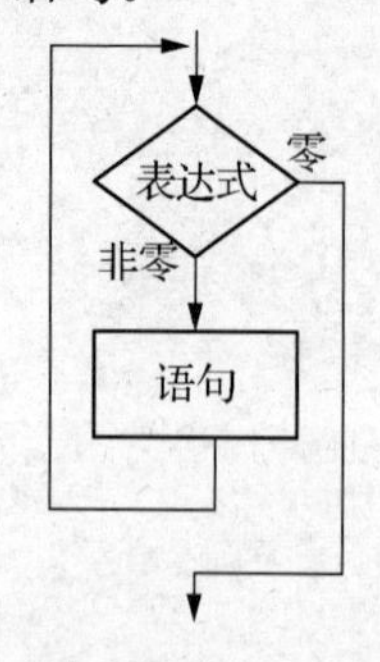

图 5－2　while 语句执行图

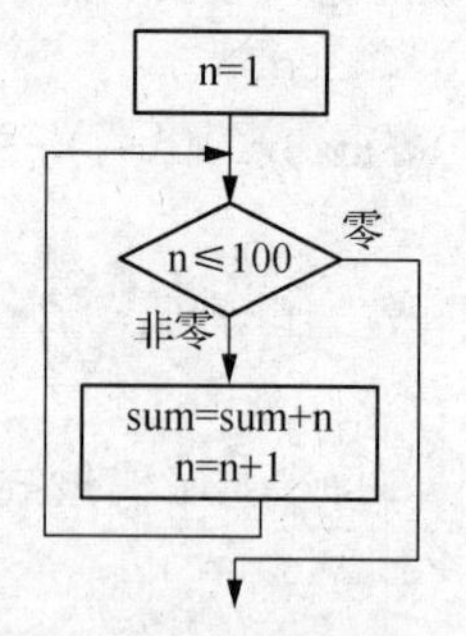

图 5－3　例 5－1 流程图

例 5－1　求 $\sum_{n=1}^{100} n$。

用流程图表示算法,见图 5－3。

根据流程图写出程序:

```
main()
{
 int n,sum=0;
 n=1;
 while(n<=100)              /* while条件满足时,执行循环体 */
  {
  sum=sum+n;
  n++;
  }
 printf("%d\n",sum);
}
```

需要注意:

(1) 循环体如果包含一个以上的语句,应该用花括号括起来,以复合语句形式出现。如果不加花括号,则 while 语句的范围只到 while 后面第一个分号处。例如,本例中 while 语句中如无花括号,则 while 语句范围只到“sum＝sum＋n;”。

(2) 在循环体中应有使循环趋向于结束的语句。例如,在本例中循环结束的条件是“n＞100”,因此在循环体中应该有使 n 增值以最终导致 n＞100 的语句,本程序中用“n++;”语句来达到此目的。如果无此语句,则 n 的值始终不改变,循环永不结束。

5.3　do-while 语句

do-while 语句的特点是先执行循环体语句,然后判断循环条件是否成立。其一般形式为

```
do
  循环语句
while(表达式);
```

它是这样执行的：先执行一次指定的循环体语句，然后判别表达式，当表达式的值为非 0（"真"）时，返回重新执行循环体语句，如此反复，直到表达式的值等于 0 为止，此时循环结束。可以用图 5－4 表示其流程。

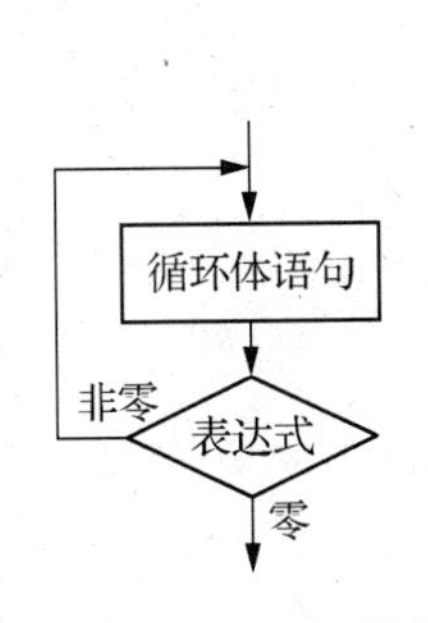

图 5－4　do-while 语句

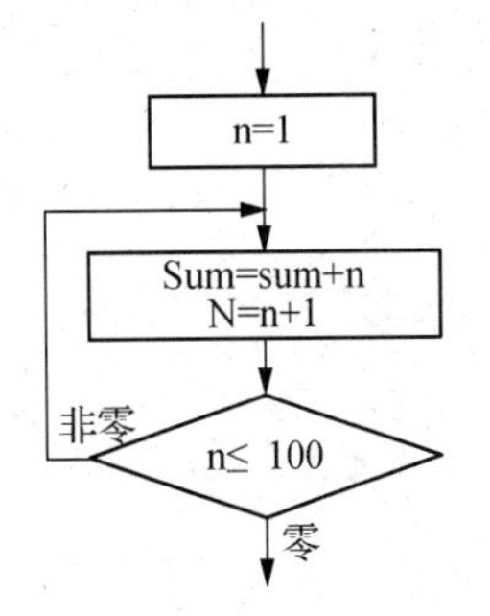

图 5－5　例 5－2 流程图

例 5－2　用 do-while 语句求 $\sum_{n=1}^{100} n$。

先画出流程图，见图 5－5。

程序如下：

```
main()
{
 int n,sum=0;
 n=1;
 do
  {
    sum=sum+n;
    n++;
  }while(n<=100);
 printf("%d\n",sum);
}
```

可以看到：对同一个问题可以用 while 语句处理，也可以用 do-while 语句处理。do-while 语句结构可以转换成 while 结构。图 5－4可以改画成图 5－6 形式，二者完全等价。而图 5－6 中线框部分就是一个 while 结构。可见，do-while 结构是由一个语句加一个 while 结构构成的。若图 5－3 中表达式的值为真，则图 5－3 也与图 5－6 等价（因为都要先执行一次语句）。

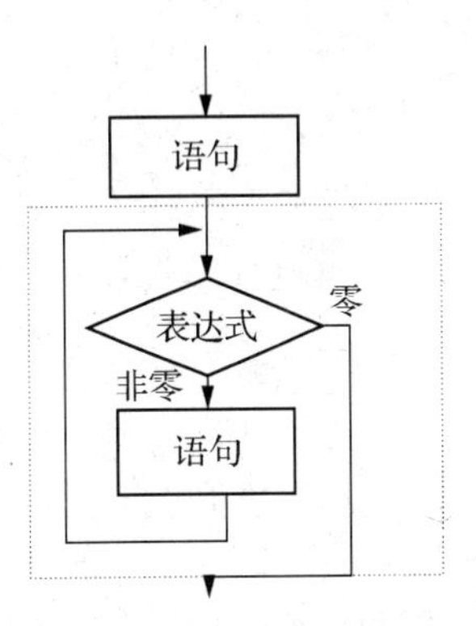

图 5－6　do－while 变化图

在一般情况下，用 while 语句和用 do-while 语句处理同一问题时，若二者的循环体部分是一样的，它们的结果也一样。如例 5－1 和例 5－2 程序中的循环体是相同的，得到的结果也相同。但是如果 while 后面的表达式一开始就为假（0 值）时，两种循环的结果是不同的。

例 5－3　while 和 do-while 循环的比较。

(1)

```
main()
{int sum=0,i;
 scanf("%d",&i);
 while(i<=10)
 {sum=sum+i;
  i++;
 }
 printf("sum=%d\n",sum);
}
```

运行情况如下：

```
1↙
sum=55
```

再运行一次：

```
11↙
sum=0
```

(2)

```
main()
{int sum=0,i;
 scanf("%d",&i);
 do
  {sum=sum+i;
  i++;
  }while(i<=10);
 printf("sum=%d\n",sum);
}
```

运行情况如下：

```
1↙
sum=55
```

再运行一次：

```
11↙
sum=11
```

可以看到：当输入i的值小于或等于10时，二者得到的结果相同。而当i>10时，二者结果就不同了。这是因为此时对while循环来说，一次也不执行循环体(表达式“i<=10”为假)，而对do-while循环语句来说则要执行一次循环。可以得到结论：当while后面的表达式的第一次的值为真时，两种循环得到的结果相同。否则，二者结果不相同(指二者具有相同的循环体的情况)。

5.4　for 语句

C 语言中的 for 语句使用最为灵活，不仅可以用于循环次数已经确定的情况，而且可以用于循环次数不确定而只给出循环结束条件的情况，它完全可以代替 while 语句。

for 语句的一般形式为

```
for(表达式 1;表达式 2;表达式 3)语句
```

它的执行过程如下：

1. 求解表达式 1。
2. 求解表达式 2，若其值为真(值为非 0)，则执行 for 语句中指定的内嵌语句，然后执行下面第步。若为假(值为 0)，则结束循环，转到第步。
3. 求解表达式 3。
4. 转回上面第步继续执行。
5. 循环结束，执行 for 语句下面的一个语句。

可以用图 5 - 7 来表示 for 语句的执行过程。

for 语句最简单的应用形式，也是最易理解的形式如下：

```
for(循环变量赋初值;循环条件;循环变量增值)语句
```

例如：

```
for(i=1;i<=100;i++) sum=sum+i;
```

它的执行过程与图 5 - 3 完全一样。可以看到它相当于以下语句：

```
i=1;
while(i<=100)
{
 sum=sum+i;
 i++;
}
```

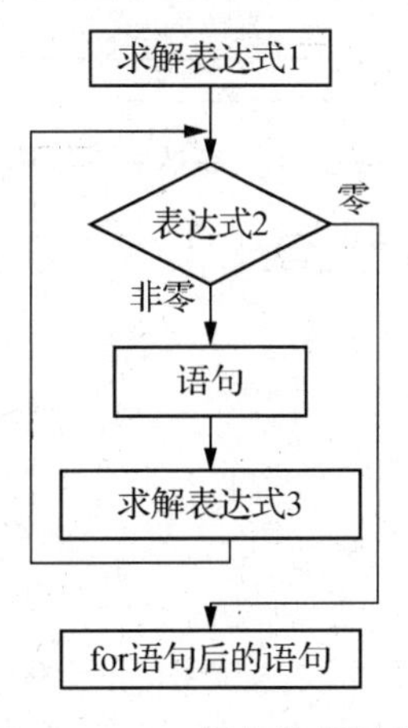

图 5 - 7　for 语句执行过程

显然，用for语句简单、方便。对于以上for语句的一般形式，也可以改写为while循环的形式：

表达式1；

```
while(表达式2)
  {
    语句
    表达式3;
  }
```

说明：

(1) for语句的一般形式中的“表达式1”可以省略，此时应在for语句之前给循环变量赋初值。注意省略表达式1时，其后的分号不能省略。如for(;i<=100;i++) sum=sum+i;执行时，跳过“求解表达式1”这一步，其他不变。

(2) 如果表达式2省略，即不判断循环条件，循环无终止地进行下去。也就是认为表达式2始终为真。见图5-8。

例如：

```
for(i=1;;i++) sum=sum+i;
```

表达式1是一个赋值表达式，表达式2空缺。它相当于：

```
i=1;
while(1)
{
 sum=sum+1;
 i++;
}
```

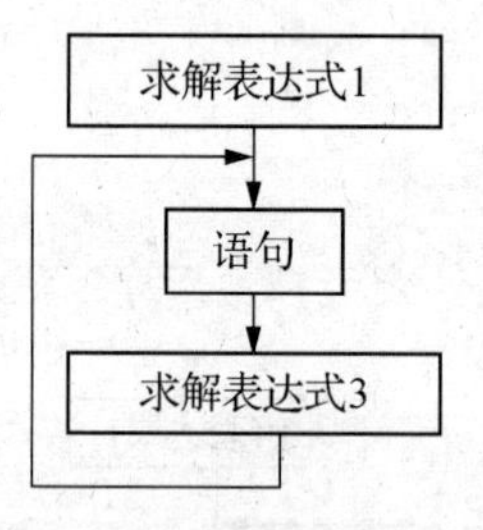

图5-8　表达式2缺省

(3) 表达式3也可以省略，但此时程序设计者应另外设法保证循环能正常结束。如：

```
for(i=1;i<=100;)
 {
  sum=sum+i;
  i++;
 }
```

在上面的for语句中，只有表达式1和表达式2，而没有表达式3。i++的操作不放在for语句的表达式3的位置处，而作为循环体的一部分，效果是一样的，都能使循环正常结束。

(4) 可以省略表达式1和表达式3,只有表达式2,即只给循环条件。如:

```
for(;i<=100;)                    while(i<=100)
 {                               {
  sum=sum+i;      相当于           sum=sum+i;
  i++;                            i++;
 }                               }
```

在这种情况下,完全等同于 while 语句。可见 for 语句比 while 语句功能强,除了可以给出循环条件外,还可以赋初值,使循环变量自动增值等。

(5) 三个表达式都可省略,如:

```
for(; ;)语句
```

相当于

```
while(1)语句
```

即不设初值,不判断条件(认为表达式2为真值),循环变量不增值。无终止地执行循环体。

(6) 表达式1可以是设置循环变量初值的赋值表达式,也可以是与循环变量无关的其他表达式。如:

```
for(sum=0;i<=100;i++) sum=sum+i;
```

表达式3也可以是与循环控制无关的任意表达式。

表达式1和表达式3可以是一个简单的表达式,也可以是逗号表达式,即包含一个以上的简单表达式,中间用逗号间隔。如:

```
for(sum=0,i=1;i<=100;i++) sum=sum+i;
```

或

```
for(i=0,j=100;i<=j;i++,j--) k+=i*j;
```

表达式1和表达式3都是逗号表达式,各包含两个赋值表达式,即同时设两个初值,使两个变量增值,执行情况见图5-9。

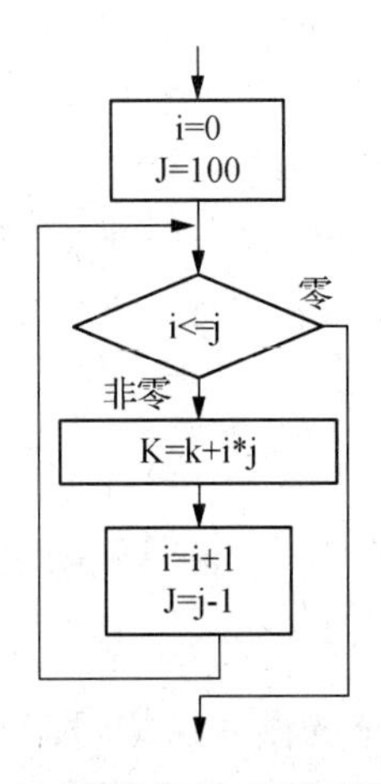

图5-9　两个初值、两个变量增值

在逗号表达式内按自左至右顺序求解,整个逗号表达式的值为其中最右边的表达式的值。如：

```
for(i=1;i<=100;i++,i++) sum=sum+i;
```

相当于

```
for(i=1;i<=100;i=i+2) sum=sum+i;
```

(7) 表达式一般是关系表达式(如 i<=100)或逻辑表达式(如 a<b&&x<y),但也可以是数值表达式或字符表达式,只要其值为非零,就执行循环体。分析下面两个例子：

```
① for(i=0;(c=getchar())! ='\n';i+=c);
```

在表达式 2 中先从终端接收一个字符赋给 c,然后判断此赋值表达式的值是否不等于 '\n'(换行符),如果不等于 '\n',就执行循环体。此 for 语句的执行过程见图 5-10,它的作用是不断输入字符,将它们的 ASCII 码相加,直到输入一个换行符为止。

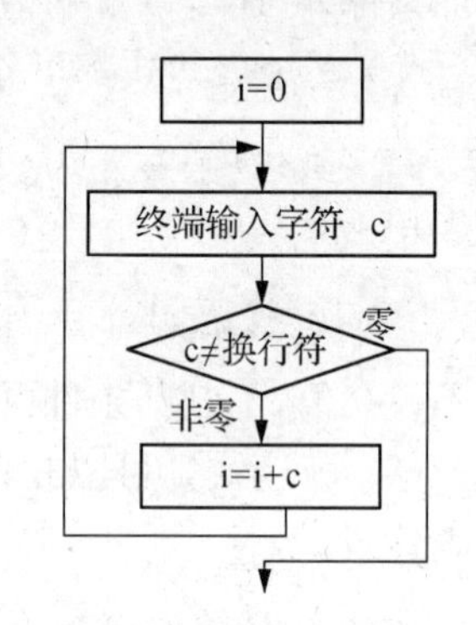

图 5-10 未知循环次数

注意:此 for 语句的循环体为空语句,把本来要在循环体内处理的内容放在表达式 3 中,作用是一样的。可见 for 语句功能强,可以在表达式中完成本来应在循环体内完成的操作。

```
② for(;(c=getchar())! ='\n';)
 printf("%c",c);
```

只有表达式 2,而无表达式 1 和表达式 3。其作用是每读入一个字符后立即输出该字符,直到输入一个换行符为止。请注意,从终端键盘向计算机输入时,是在按 Enter 键以后才送到内存缓冲区中去的。运行情况如下：

```
Computer↙ (输入)
Computer  (输出)
```

而不是

```
CCoommppuutteerr
```

即不是从终端输入一个字符马上输出一个字符,而是按 Enter 键后数据送入内存缓冲区,然后每次从缓冲区读一个字符,再输出该字符。

从上面介绍可以知道,C 语言中的 for 语句比其他语言(如 BASIC,PASCAL)中的 FOR 语句功能强得多。可以把循环体和一些与循环控制无关的操作也作为表达式 1 或表达式 3 出现,这样程序要短小简洁。但过分地利用这一特点会使 for 语句显得杂乱,可读性降低,建议不要把与循环控制无关的内容放到 for 语句中。

5.5 循环嵌套

一个循环体内又包含另一个完整的循环结构,称为循环嵌套。内嵌的循环中还可以嵌套循环,这就是多层循环。各种语言中关于循环嵌套的概念都是一样的。

例 5-4 假设有 6 个班,每班有 20 名学生,分别求出各班成绩的平均分。

(1) 要计算 1 个班 20 个学生的考试成绩平均分,只需要把输入学生成绩和累加学生成绩这两条命令重复执行20遍，就可得到该班的成绩和，再除以该班人数就得到该班平均分。输出1个班的平均值，可用如下代码实现：

```
s=0;
for(n=1;n<=20;n++)
  {
    scanf("%f",&x);            /* 输入学生成绩 */
    s=s+x;                     /* 累加学生成绩 */
  }
pritnf("%f\n",s/20);           /* 计算并输出该班成绩平均值 */
```

(2) 要得到6个班的平均成绩，只需将上面的程序运行6遍。即在上面程序的外面再加一层循环。i表示班数。

```
for(i=1;i<=6;i++)
  {
    输出1个班的平均值
  }
```

程序如下：

```
main()
{
  int m=0,n=0;
 float s=0,x=0;
 for(i=1;i<=6;i++)                /* 循环计算6个班的平均成绩 */
  {
    s=0;
    for(n=1;n<=20;n++)            /* 循环输入20个学生成绩 */
      { scanf("%f",&x);           /* 输入学生成绩 */
        s=s+x;                    /* 累加学生成绩 */
      }
    printf("%f\n",s/20);          /* 计算并输出该班成绩平均值 */
  }
}
```

注意：

(1) 上面程序for语句的循环体内又包含了另一个for循环，这种形式称为循环嵌套。

(2) 由于每一个班的成绩求和都是存放在s变量中，因此当要输入下一个班的成绩时，先要对s变量清零。所以s=0不能放在外层循环体外。

(3) 对于需要输入较多的数据，在程序设计中最好加入一些提示信息，如“请输入××班××号学生成绩:”，使程序与用户之间有较好的亲和力，也便于数据输入。程序修改如下：

```
main()
{
  int i,n;
  float s=0,x=0;
  for(i=1;i<=6;i++)
  {
    s=0;
    for(n=1;n<=20;n++)
      {
       printf("Input %d class no. %d: ",i,n); /* 输入提示信息 */
       scanf("%f",&x);
       s=s+x;
      }
     printf("%d class average: %f\n",i,s/20);
  }
}
```

例 5 - 5 打印如图 5 - 11 所示的图形。

```
    *
   **
  ***
 ****
*****
```

图 5 - 11 三角形星

```
*****
*****
*****
*****
*****
```

图 5 - 12 长方形星

(1) 如果打印的图形每行都打印 5 个星,共打印 5 行,如图 5 - 12 所示。用一条循环程序就可实现:

```
for(i=1;i<6;i++)                    /* i确定打印的行数 */
 printf("*****\n");
```

但题目要求图形每行打印的星的个数不同。第 1 行打印 1 个星,第 2 行打印 2 个星……第 5 行打印 5 个星。所以用一条确定打印 5 个星的语句不能实现该功能。

(2) 要实现每行打印不同个数的星,只能用程序来控制输出星的个数。用下面的循环语句便能实现这个功能,当 i=1 时,该循环被执行一次,打印出 1 个星;当 i=2 时,该循环被执行 2 次,打印出 2 个星;每次循环结束,输出 1 个换行符,即每输出一行就换行。所以只要 i 从 1 增加到 5,就能输出所要求的图形,代码如下:

```
for(j=1;j<=i;j++)           /* j确定打印星的个数 */
 printf("*");
printf("\n");               /* 打印完一行星后输出一个换行符 */
```

(3) 要实现 i 从 1 增加到 5,只需在上面的循环语句外再加上一层循环"for(i=1;i<6;i++)"即可。

程序如下：

```
main()
{
  int i,j;
  for(i=1;i<=5;i++)               /* i 确定打印的行数 */
  {
    for(j=1;j<=i;j++)             /* j 确定打印*的个数 */
      printf("*");
    printf("\n");                 /* 打印完一行*后输出一个换行 */
  }
}
```

注意：

(1) 内层循环的循环条件不是一个确定的值，是与外层循环变量有关的，所以内层循环体的执行次数每次都不同。

(2) 外层循环决定要打印的行数，内层循环决定一行打印的星数。要注意每一行星打印完后要输出一个换行符。

例 5-6　公鸡 5 元 1 只，母鸡 3 元 1 只，小鸡 1 元 3 只，100 元钱买 100 只鸡，且每种鸡都要有，问可以各买多少只，并输出所有可能的方案。

(1) 假设可以买 x 只公鸡，y 只母鸡，z 只小鸡；根据以上给出的条件，可以列出以下两个方程式：

$$x + y + z = 100$$
$$5x + 3y + z/3 = 100$$

2 个方程式解不出 3 个未知数，这是一个不定方程，但可以采用假设的方法，假设买 1 只公鸡，1 只母鸡，98 只小鸡，算算是否要花 100 元；再假设买 1 只公鸡，2 只母鸡，97 只小鸡，再判断是否要花 100 元。如果正好 100 元，这就是一种方案。逐一改变买公鸡、母鸡和小鸡的数，从中找出满足 100 元的方案，这种算法称为枚举法，也称穷举法。这种方法若由人工来完成会很麻烦，但这种算法由计算机来完成却很容易。

(2) 100 只鸡，并且每种鸡都要有，所以公鸡最少要买 1 只，最多可以买 98 只，同样，母鸡最少也要买 1 只，最多可以买 98 只，小鸡数可根据公式 z=100-x-y 得到。要使每种情况都测试到，可以采用二重循环来实现。

```
for(x=1;x<=98;x++)
  {
   for(y=1;y<=98;y++)
    {
    z=100-x-y;
     if(5*x+3*y+z/3==100)
       { 输出公鸡、母鸡、小鸡数 }
```

```
    }
  }
```

(3) 考虑到小鸡1元3只，所以小鸡数应是3的倍数，判断条件改为“$z\%3==0\&\&5*x+3*y+z/3==100$”。

程序如下：

```
main()
{
 int x,y,z;
 for(x=1;x<=98;x++)                        /* 公鸡数的变化范围 */
 for(y=1;y<=98;y++)                        /* 母鸡数的变化范围 */
 {
   z=100-x-y;                              /* 计算出小鸡数 */
   if(z%3==0&&5*x+3*y+z/3==100)            /* 判断是否用100元钱 */
     printf("cock=%d  hen=%d  chicken=%d\n",x,y,z);
 }
}
```

运行结果：

```
cock=4  hen=18  chicken=78
cock=8  hen=11  chicken=81
cock=12  hen=4  chicken=84
```

注意：

(1) 100元即使都买公鸡，最多也只能买20只，何况还要买母鸡和小鸡，所以公鸡数只能从1变化到19。同样，母鸡数也只能从1变化到32。合理的选择循环次数，将提高程序的运行效率。程序修改如下：

```
main()
{
  int x,y,z;
  for(x=1;x<=19;x++)                      /* 公鸡数的变化范围 */
  for(y=1;y<=32;y++)                      /* 母鸡数的变化范围 */
   {
    z=100-x-y;                            /* 计算出小鸡数 */
    if(z%3==0&&5*x+3*y+z/3==100)
      printf("cock=%d  hen=%d  chicken=%d\n",x,y,z);
  }
}
```

(2) 本题不管将公鸡数作为外循环变量，还是将母鸡数作为外循环变量，都能输出所有方案，但程序的执行效率不一样。本程序中“x=1”需要执行1次，“y=1”执行19次，但如果将母鸡数作为外循环变量，“y=1”需要执行1次，“x=1”执行32次，多执行13次赋值语句，会降低效率。

5.6　goto 语句以及用 goto 语句构成循环

goto 语句为无条件转向语句，它的一般形式为：

```
goto 语句标号;
```

语句标号用标识符表示，它的命名规则与变量名相同，即由字母、数字和下划线组成，其第一个字符必须为字母或下划线。不能用整数来作标号。例如：goto label_1；是合法的，而 goto 123；是不合法的。结构化程序设计方法主张限制使用 goto 语句，因为滥用 goto 语句将使程序流程无规律、可读性差。但也不是绝对禁止使用 goto 语句。一般来说，可以有两种用途：

1. 与 if 语句一起构成循环结构；

2. 从循环体中跳转到循环体外，但在 C 语言中可以用 break 语句和 continue 语句（见 5.7 节）跳出本层循环和结束本次循环。goto 语句的使用机会已大大减少，只是需要从多层循环的内层循环跳到外层循环外时才用到 goto 语句。但是这种用法不符合结构化原则，一般不宜采用，只有在不得已（例如能大大提高效率）时才使用。

例 5 - 7　用 if 语句和 goto 语句构成循环，求 $\sum_{n=1}^{100} n$。

此题的算法是比较简单的，可以直接写出程序：

```
main()
{
    int i,sum=0;
    i=1;
loop:if(i<=100)
    {
      sum=sum+i;
      i++;
      goto loop;
      }
    printf("%d\n",sum);
}
```

运行结果：

```
5050
```

这里用的是“当型”循环结构，当满足“i<=100”时执行花括号内的循环体。请读者自己画出流程图。

5.7 break 语句和 continue 语句

5.7.1 break 语句

在 4.3 节中已经介绍过用 break 语句可以使流程跳出 switch 结构,继续执行 switch 语句下面的一个语句。实际上,break 语句还可以用来从循环体内跳出循环体,即提前结束循环,接着执行循环下面的语句。如:

```
for(r=1;r<=10;r++)
  {
    area=pi*r*r;
    if(area>100) break;
    printf("%f",area);
  }
```

计算 r=1 到 r=10 时的圆面积,直到面积(area)大于 100 为止。从上面的 for 循环可以看到:当 area>100 时,执行 break 语句,提前结束循环,即不再继续执行其余的几次循环。

break 语句的一般形式为:

```
break;
```

break 语句不能用于循环语句和 switch 语句之外的任何其他语句中。

5.7.2 continue 语句

一般形式为:

```
continue;
```

其作用为结束本次循环,即跳过循环体中下面尚未执行的语句,接着进行下一次是否执行循环的判定。

continue 语句和 break 语句的区别是:continue 语句只结束本次循环,而不是终止整个循环的执行;而 break 语句则是结束整个循环过程,不再判断执行循环的条件是否成立。如果有以下两个循环结构:

(1)

```
while(表达式 1)
      { …
        if(表达式 2) break;
        …
      }
```

(2)

```
while(表达式1)
    { …
     if(表达式2) continue;
     …
    }
```

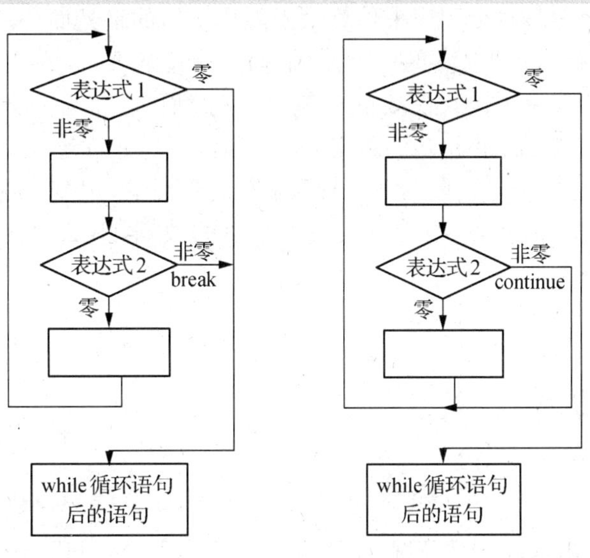

图5-13　break语句　　**图5-14　continue语句**

程序(1)的流程图如图5-13所示，而程序(2)的流程如图5-14所示。请注意图5-13和图5-14中当"表达式2"为真时流程的转向。

例5-8　把100—200之间的不能被3整除的数输出。

```
main()
 {
  int n;
  for(n=100;n<=200;n++)
  {
   if(n%3==0)
     continue;
   printf("%d",n);
  }
 }
```

当n能被3整除时，执行continue语句，结束本次循环(即跳过printf函数语句)，只有n不能被3整除时才执行printf函数。

当然，例5-8中的循环体也可以改用一个语句处理：

```
if(n%3!=0) printf("%d",n);
```

我们在程序中用continue语句无非是为了说明continue语句的作用。

5.8　小型案例

问　题

一位建筑师需要编写一个程序来估算太阳能式房屋的采光面积。采光面积的确定需要考虑很多因素,包括一年中最冷的月份的平均采暖度天数(室内外平均温差与该月天数的乘积),房屋面积每平方英尺需要的热能,房屋面积,以及采光方法的效率。该程序要访问两个数据文件:hdd.txt 包含的数字表示的是 12 个月该建筑位置的平均采暖度天数;solar.txt 包含的是每个月太阳的平均日照强度(指太阳投射到指定位置每平方英尺上的射线等级)。每个文件的第一项代表的是 1 月份的数据,第二项代表的是 2 月份的数据,依此类推。

分　析

采光面积(A)的估算公式为:

$$A=\frac{\text{heat loss}}{\text{energy resource}}$$

heat loss 是热能需求、房屋面积和采暖度天数的乘积。可以通过采光方法的效率乘以平均日强度再乘以天数来计算必需的热源。

在本书前面所介绍的所有程序中,程序的数据都是从两个输入源(键盘或者数据文件)输入的。而本程序中将使用三个输入源:两个数据文件和键盘("文件"的知识在第 11 章详细讲解)。下面来确定问题的数据需求并写出初始算法。

数据需求

问题输入

平均采暖度天数文件

平均日照强度文件

```
heat_deg_days          /* 平均采暖度天数 */
coldest_mon            /* 最冷的月份(数字 1—12) */
solar_insol            /* 最冷月的平均日照强度 */
heating_req            /* 每平方英尺所需热能 */
efficiency             /* 采光效率 */
floor_space            /* 房屋面积 */
```

程序变量

```
energy_resrc           /* 在最冷的月份,可用的太阳能 */
```

问题输出

```
heat_loss              /* 在最冷的月份损失的热能 */
collect_area           /* 估算的采光面积 */
```

设　计

初始算法

1. 确定最冷的月份,以及该月的平均采暖度天数。
2. 找出这个最冷月份的每平方英尺的平均日照强度。
3. 从用户那里获取其他问题输入:heating_req、efficiency 和 floor_space。
4. 估算所需的采光面积。
5. 显示结果。

如图 5-15 中的结构图所示,步骤 2 应该设计为一个单独的函数。函数 nth_item 应该从文件 solar. txt 中找到与最冷月份对应的数据。步骤 3 和步骤 5 很简单,只有步骤 1 和步骤 4 需要进一步细化。

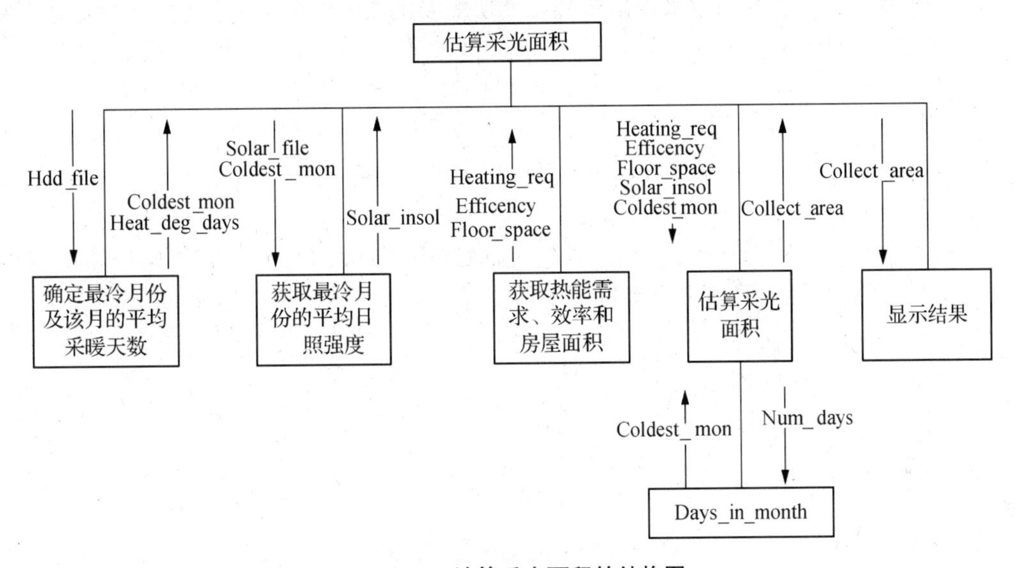

图 5-15　计算采光面积的结构图

步骤 1 细化

在细化步骤中要引入 3 个新的变量——一个计数器 ct,用于跟踪在平均采暖度天数文件中的位置;一个整型变量,用于记录文件状态;还有一个整型变量 next_hdd,用于顺序保存每个采暖度天数的值。

增加的程序变量

```
ct                  /* 跟踪在平均采暖度天数文件中的位置 */
status              /* 记录文件状态 */
next_hdd            /* 保存每个采暖度天数的值 */
```

1.1　从采暖度天数文件中扫描第 1 个值,保存到 heat_deg_days 中,并将 coldest_mon 初始化为 1。

1.2　将 ct 初始化为 2。

1.3　从该文件中扫描一个值放在 next_hdd 中,并保存 status。

1.4　只要不是错误数据或者到达文件末尾,就重复下面的步骤:

1.5　如果 next_hdd 大于 heat_deg_days。

1.6　将 next_hdd 复制到 heat_deg_days 中。

1.7　将 ct 复制到 coldest_mon 中。

1.8　ct 加 1。

1.9　从该文件扫描一个值放在 next_hdd 中,并保存 status。

步骤 4 细化

4.1 heating_req、floor_space 和 heat_deg_days 相乘得出 heat_loss。

4.2　efficiency(转换为百分比)、solar_insol 和最冷月份的天数相乘得出 energy_resrc。

4.3　heat_loss 除以 energy_resrc 得出 collect_area。将结果四舍五入到最接近的整数(平方英尺)。

实　现

应该开发一个单独的函数来找出步骤 4.2 所需要的某月份的天数。

输入文件 hdd.txt:

995 900 750 400 180 20 10 10 60 290 610 1051

输入文件 solar.txt:

500 750 1100 1490 1900 2100 2050 1550 1200 900 500 500

函数

函数 nth_item 和 days_in_month 很简单,在此不再详细解释,只在下面程序中列出。下面是完整的程序,能大略地估算出特定地理位置上太阳能式房屋的采光面积。

```
#include <stdio.h>
int days_in_month (int);
int nth_item(FILE *,int);
main()
{
 int heat_deg_days,solar_insol,coldest_mon,heating_req,efficiency,collect_
area,ct,status,next_hdd;
 double floor_space,heat_loss,energy_resrc;
 FILE *hdd_file;
 FILE *solar_file;
 hdd_file=fopen("hdd.txt","r");
 fscanf(hdd_file,"%d",&heat_deg_days);
 coldest_mon=1;
 ct=2;
 status=fscanf(hdd_file,"%d",&next_hdd);
 while(status==1)
 {
  if(next_hdd>heat_deg_days)
  {
    heat_deg_days=next_hdd;
    coldest_mon=ct;
```

```
    }
    ++ ct;
    status=fscanf(hdd_file," %d",&next_hdd);
    }
    fclose(hdd_file);

    solar_file=fopen("solar.txt","r");
    solar_insol=nth_item(solar_file,coldest_mon);
    fclose(solar_file);

    printf("\nWhat is the approximate heating requirement (Btu /");
    printf("degree day ft^2)\nof this type of construction? \n=>");
    scanf(" %d",&heating_req);
    printf("\nWhat percent of solar insolation will be converted");
    printf("to usable heat? \n=>");
    scanf(" %d",&efficiency);
    printf("What is the floor space (ft^2)? \n=>");
    scanf(" %lf",&floor_space);

    energy_resrc=efficiency * 0.01 * solar_insol * days_in_month(coldest_mon);
    collect_area=(int)(heat_loss/energy_resrc+0.5);

    printf("To replace heat loss of %.0f Btu in the ",heat_loss);
    printf("coldest month(month %d)\nwith available ",coldest_mon);
    printf("solar insolation of %d Btu /ft^2/day,",solar_insol );
    printf("and anXnefficiency of %d percentf",efficiency);
    printf("use a solar collecting area of %d",collect_area);
    printf("ft^2.\n");
    return 0;
}

int days_in_month(int month_number)
{
    int ans;
    switch(month_number)
    {
      case 2:ans=28;break;
      case 4:
      case 6:
```

```
        case 9:
        case 11:ans=30;break;
        default:ans=31;
    }
    return ans;
}

int nth_item(FILE *data_file,int n)
{
    int i,item;
    for(i=1;i<=n;i++)
        fscanf(data_file,"%d",&item);
    return item;
}
```

运行示例：

```
What is the approximate heating requirement (Btu/degree day ft^2)of this type
of construction?
=>9↙
What percent of solar insolation will be converted to usable heat?
=>60↙
What is the floor space(ft^2)?
=>1200↙
To replace heat loss of 11350800 Btu in the coldest month (month 12) with
available solar insolation of 500 Btu/ft^2/day, and an efficiency of 60
percent,use a solar collecting area of 1221 ft^2
```

测　试

该程序是英国太阳能应用的一个实例。根据实际的数据测试，在不同的半球，相关的每个月平均采暖度天数和每个月太阳平均日照强度都会有很大的不同，致使得出的结果有较大的差距，但估算采光面积的基本算法是一样的。

5.9 小　　结

本章介绍了循环结构程序设计。C语言中用while语句、do-while语句和for语句均能实现循环控制。结合使用break语句、continue语句和goto语句，还可以改变程序的执行流程，提前退出循环或提前结束本次循环。本章需要学习的重点有：

1. while循环的一般格式为：

```
while(表达式) 循环体
```

其特点是：先判断表达式的值，且值为非0时执行其后的循环体。

2. do-while循环又称直到型循环，它的一般格式为：

```
do 循环体
  while(表达式)；
```

其特点是：先执行循环体，然后再判断表达式的值。

3. for循环的一般格式为：

```
for(表达式1;表达式2;表达式3) 循环体；
```

其特点是：根据循环变量的取值和条件进行重复运算。

4. break语句和continue语句对循环控制的影响是不同的：break语句是结束整个循环过程，不先判断执行循环的条件是否成立；而continue语句只结束本次循环，并不终止整个循环的执行。

5. 在C语言中，标号可以是任意合法的标识符，当在标识符后面加一个冒号，如"class1："、"step1："，该标识符就成了一个语句标号。在语言中，语句标号必须是标识符，因此不能简单地使用"3："、"5："等形式。标号可以和变量同名。

6. goto语句称为无条件转向语句，其一般格式为：

```
goto 语句标号；
```

goto语句的作用是使程序无条件地转移到语句标号所标识的语句处，并从该语句继续执行。

7. 循环嵌套指在一个循环体内还可以包含另一个完整的循环语句。前面介绍的三类循环都可以相互嵌套，循环的嵌套可以多层，但每一层循环在逻辑上必须完整。

习　　题

一、选择题

1. C语言中，while与do-while语句的主要区别是(　　)。

A. do-while的循环体至少无条件执行一次

B. do-while允许从外部跳到循环体内

C. while的循环体至少无条件执行一次

D. while的循环控制条件比do-while的严格

2. 若有以下程序：

```
main()
{
 int x=1,a=0;
 do
{ a=a+1;}
while(x,x--);
}
```

则语句 a=a+1 执行的次数是(　　)。

A. 0　　B. 1　　C. 2　　D. 有限次

3. 以下程序的输出结果是(　　)。

```
main()
{
 int n=9;
 while(n>6)
 {
  n--;
  printf("%d",n);
 }
}
```

A. 987　　B. 876

C. 8765　　D. 9876

4. 下面关于 for 语句的正确描述为(　　)。

A. for 语句只能用于循环次数已经确定的情况

B. for 语句是先执行循环体语句,再判断表达式

C. 在 for 语句中,不能用 break 语句跳出循环体

D. 在 for 语句的循环体语句中,可以包含多条语句,但必须用大括号括起来

5. 以下程序执行后,输出“#”号的个数是(　　)。

```
main()
{
 int i,j;
 for(i=1;i<5;i++)
 for(j=2;j<=i;j++)
  printf("#");
}
```

A. 0　　B. 4　　C. 6　　D. 7

二、填空题

1. 以下程序的输出结果是________。

```
main()
{
 int x=23;
 do
 {
  printf("%d",x--);
 }while(! x);
}
```

2. 以下程序的输出结果是________。

```
main()
{
 int i;
 for(i=0;i<3;i++)
  switch(i)
  {
  case 1:pritnf("%d",i);
  case 2:printf("%d",i);
  default:printf("%d",i);
 }
}
```

3. 以下程序的输出结果是________。

```
main()
{
 int a=1,b=0;
 for(;a<3;a++)
 switch(a++)
 {
  case 1:b--;
  case 2:b++;
  case 3:b+=3;break;
 }
 printf("%d",b);
}
```

4. 以下程序段执行后，i 的值是________，j 的值是________，k 的值是________。

```
int a,b,c,d,i,j,k;
a=10;
b=c=d=5;
i=j=k=0;
for(;a>b;++b)
i++;
while(a>++c)
j++;
do{k++;}while(a>d++);
```

三、编程题

1. 编程求以下公式的值。

s=1+1/(1*2)+1/(2*3)+…+1/(n*(n+1))

2. 编程打印所有的水仙花数。所谓水仙花数是指一个3位数,其各位数字的立方和等于该数。如:153是一个水仙花数,因为$153=1^3+5^3+3^3$。

3. 输入两个正整数m和n,求最大公约数和最小公倍数。

4. 编程打印出以下图案。

```
* * * * * * *
* * * * *
* * *
*
```

第6章　数　　组

数组是一种数据类型，不同于整型、实型这些基本的数据类型，它与结构体类型、共用体类型一样属于构造类型的数据。构造类型的数据是由基本数据类型按照一定规则组成的。数组中的每一个数据称为一个数组元素，每一个元素都属于同一个数据类型，用统一的数组名和不同的下标来表示每一个元素。本章主要介绍如何定义和使用数组。

6.1　任务6——用冒泡法对10个数排序

问　题

数据查找与排序是编写程序时经常遇到的问题。现在假设一个班有10名同学，要求编写程序对他们在一次考试中的数学成绩由高到低进行排序。

分　析

对 n 个数据进行排序，需要对数据比较大小，将数据按大小顺序进行排列，最后打印输出。因此解决问题的核心方法为：第1步，将待排序的数据按照随机顺序排列，将第一个数与第二个数进行比较，若第一个较大，则将两数交换位置；反之，保持两数原来的位置不变。这样，经过第1步处理后就能保证第二个位置是大数。第2步，将新顺序数据中的第二个数与第三个数进行比较，采用第1步介绍的方法进行数据的再次排序……经过 $n-1$ 步的处理，可以将最大的数排到第 n 个位置。将除去最大数后剩下的 $n-1$ 个数按照前述的方法进行排序，经过 $n-2$ 步处理后，可以将第二大的数据排到第 $n-1$ 个位置……如此，经过 $n-1$ 轮的排序，便可将所有 n 个数据按由小到大的顺序排好。

数据需求

问题输入

a[n];/ * 存放成绩数据 * /

问题输出

a[n];/ * 存放排列好的数据 * /

算法设计

根据以上分析，用流程图6-1来表示算法：

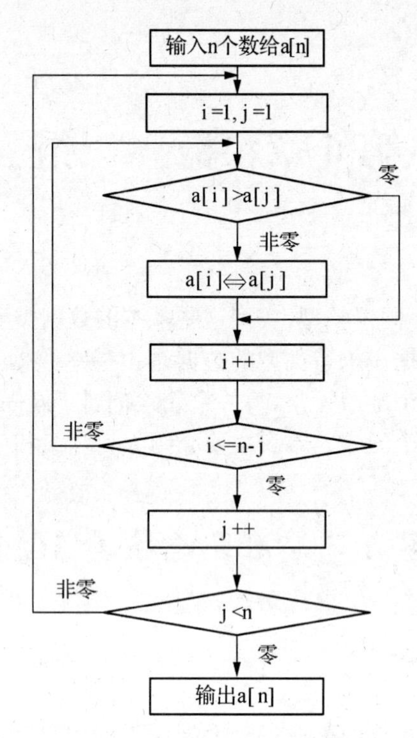

图6-1　冒泡排序法流程图

实　现

根据本节任务提出的问题，设n=10，由流程图写出程序。定义数组长度为10，那么数组中的元素可表示为a[0]～a[9]，其中a[0]存放第1个同学的数学成绩，a[9]存放第10个同学的数学成绩。程序如下：

```
#include<stdio.h>
main()
{    int a[10];
     int i,j,temp;
     printf("put 10 numbers:\n");
     for(i=0;i<10;i++)
        scanf("%d",&a[i]);
     printf("\n");
     for(j=0;j<9;j++)
     {
        for(i=0;i<9-j;i++)
             if(a[i]>a[i+1])
             {temp=a[i];a[i]=a[i+1];a[i+1]=temp;}
     }
     printf("The sorted numbers is:\n");
```

```
    for(i=0;i<10;i++)
       printf(" %d",a[i]);
    printf("\n");
    }
```

运行情况如下：

```
Input 10 numbers:
40 95 63 78 88 72 93 68 83 99 ↙
The sorted numbers is:
40 63 68 72 78 83 88 93 95 99
```

6.2　一维数组

6.2.1　一维数组的定义

一维数组的定义方式为：

类型说明符 数组名[常量表达式]

其中：

1. 类型说明符表示数组元素的数据类型，可以为基本数据类型中的任一种；
2. 数组名的命名规则与变量相同，遵循标识符的命名规则；
3. 方括号括起来的常量表达式表示数组中元素的个数，即数组的长度；
4. 常量表达式可以包含常量和符号常量，但不能是变量。C语言中不允许对数组的大小进行动态的定义，即数组的大小不能在程序中随意改变。

数组的定义方法如：

```
int buffer[10];
```

表示定义了一个元素个数为10的buffer数组，数组元素为整数类型。数组元素分别为buffer[0]、buffer[1]、buffer[2]、buffer[3]、buffer[4]、buffer[5]、buffer[6]、buffer[7]、buffer[8]、buffer[9]。注意，数组元素的下标都是从0开始的，buffer[10]不是数组中的元素。

如下所示为数组错误的定义方法：

```
int n;
n++;
int buffer[n];
```

6.2.2　一维数组元素的引用

数组在使用之前也需要先定义。C语言中规定，只能逐个引用数组元素而不能一次引用整个数组(字符串除外)。数组元素的表示形式为：

```
数组名[下标]
```

下标可以是整型常量或整型表达式，也可以是在数组元素引用前有固定值的已定义整型变量，如：

```
int i;
buffer[9]= buffer[0] + buffer[2*i+3] - buffer[2*4];
```

例 6-1 数组元素的引用。

```
#include <stdio.h>
main()
{    int i,a[10];
     for(i=0;i<10;i++)
          scanf("%d",&a[i]);/*从终端给数组元素赋值*/
     for(i=9;i>=0;i--)
          printf("%d",a[i]); /*数组元素的引用*/
}
```

运行结果如下：

```
9 8 7 6 5 4 3 2 1 0↙
0 1 2 3 4 5 6 7 8 9
```

6.2.3 一维数组的初始化

在应用数组的过程中常需要对数组进行初始化，方法主要有以下几种：

1. 在定义数组时对数组元素进行赋值，例如：

```
int a[10]={1,2,3,4,5,6,7,8,9,10};
```

将初值按照赋值对象的顺序排列在花括号以内并以逗号隔开。这样，数组元素 a[0]～a[9]的初值分别为：a[0]=1，a[1]=2，…，a[9]=10。

2. 只给出一部分元素的赋值，例如：

```
int a[10]={1,2,3,4,5};
```

定义的数组 a 有 10 个元素，前 5 个元素 a[0]～a[4]初值分别为 a[0]=1，a[1]=2，…，a[4]=5，后 5 个元素的初值为 0。

3. 如果想对一个数组中的所有元素赋相同的初值，可以写成：

```
int a[10]={1,1,1,1,1,1,1,1,1,1};
```

但不能写成：

```
int a[10]={1*10};
```

4. 对全部数组元素符初值时，可以不指定数组长度，例如：

```
int a[]={1,2,3,4,5};
```

表示定义了一个数组长度为 5 的整型数组，初值分别为 a[0]=1，a[1]=2，a[2]=3，a[3]=4，a[4]=5。但如果提供的初值个数与数组长度不一致，则不能如例中省略数组长度进行初始化,应参照第 2 种方法。

6.2.4　一维数组的应用

例 6-2　用数组来求 10 以内阶乘。

```
#include <stdio.h>
main()
{    int i,n,a[10];
     long temp=1;
     printf("Input the number:\n");
     scanf("%d",&n);/*输入待求阶乘的整数*/
     for(i=0;i<n;i++)
         a[i]=i+1;
     for(i=0;i<n;i++)
         temp=temp*a[i];
     printf("%d! =%ld\n",n,temp);
     }
```

运行情况如下:

```
Input the number:
9↙
9! =362880
```

6.3　二维数组

6.3.1　二维数组的定义

二维数组的定义格式为:

```
类型说明符 数组名 [常量表达式][常量表达式]
```

其中要说明的是:

1. 数组名后"[常量表达式]"个数表示数组的维数,C 语言允许定义和使用多维数组;

2. 对于二维数组,第一个"[常量表达式]"表示二维数组的"行", 第二个"[常量表达式]"表示二维数组的"列"。如"int a[3][4];"就表示定义了一个数组名为 a 的 3×4(3 行 4 列)的二维数组;

3. 二维数组中元素的表示方法:

以"int a[3][4];"为例,可以将二维数组看成是一种特殊的一维数组,它里面的元素又是一些一维数组。如可以将二维数组 a 看做是只有 3 个元素的一维数组,即 a[0]、a[1]、a[2],这 3 个元素又是各自拥有 4 个元素的一维数组。结构如图 6-2 所示:

```
         ┌a[0]  ——a[0][0]  a[0][1]  a[0][2]  a[0][3]
a[3][4] ─┤a[1]  ——a[1][0]  a[1][1]  a[1][2]  a[1][3]
         └a[2]  ——a[2][0]  a[2][1]  a[2][2]  a[2][3]
```

图 6-2　二维数组结构

4. C语言中二维数组的元素在内存中的存储顺序是按行存放的，即先存储第一行，接着存储第二行，依此类推。如 a[3][4]中 12 个元素的存储顺序为：

a[0][0]→a[0][1]→a[0][2]→a[0][3]→a[1][0]→a[1][1]→a[1][2]→a[1][3]→a[2][0]→a[2][1]→a[2][2]→a[2][3]。

5. 多维数组的定义规则和二维数组类似，如：

```
float a[3][3][4];
```

表示定义了一个三维数组，元素个数为 3×3×4=36 个，其中各元素在内存中存放的顺序为：

a[0][0][0]→a[0][0][1]→a[0][0][2]→a[0]a[0][3]→a[0]a[1][0]→a[0]a[1][1]→a[0]a[1][2]→a[0]a[1][3]→a[0]a[2][0]→a[0]a[2][1]→a[0]a[2][2]→a[0]a[2][3]→a[1][0][0]→a[1][0][1]→a[1][0][2]→a[1]a[0][3]→a[1]a[1][0]→a[1]a[1][1]→a[1]a[1][2]→a[1]a[1][3]→a[1]a[2][0]→a[1]a[2][1]→a[1]a[2][2]→a[1]a[2][3]→a[2][0][0]→a[2][0][1]→a[2][0][2]→a[2]a[0][3]→a[2]a[1][0]→a[2]a[1][1]→a[2]a[1][2]→a[2]a[1][3]→a[2]a[2][0]→a[2]a[2][1]→a[2]a[2][2]→a[2]a[2][3]

6.3.2　二维数组元素的引用

二维数组的元素表示形式为：

```
数组名[下标][下标]
```

如 a[2][3]，表示第 3 行第 4 列的元素。下标可以是整型表达式，如 a[1*2][3−1]。注意不能写成 a[2,3]或 a[1*2,3−1]的错误形式。

数组元素可以出现在表达式中，也可以被赋值，如：

```
b[0][1]=a[1][2]*3;
```

在使用数组元素时，应注意下标值在已定义的数组大小范围之内，取值从 0 开始。数组中最后一个元素的下标应为定义数组时的[常量表达式]−1。如有定义：

```
int a[3][4];
```

那么，数组中最后一个元素为 a[2][3]，a[3][*]或 a[*][4]是不存在的。所以读者应注意区分定义中的 a[3][4]和引用中的 a[3][4]，前者是定义数组的维数和大小，后者是一个元素(具体的数据)。注意：元素“a[3][4]”不是所定义的数组 a[3][4]中的元素。

6.3.3　二维数组的初始化

二维数组初始化的方法主要有以下几种：

1. 分行给二维数组赋初值。如：

```
int a[3][4]={{1,2,3,4},{5,6,7,8},{9,10,11,12}};
```

把第1个花括号内的数据赋给第一行的元素a[0][0]、a[0][1]、a[0][2]，第2个花括号内的数据赋给第二行的元素a[1][0]、a[1][1]、a[1][2]…即按行赋初值。

2. 可以将所有数据写在一个花括号内，系统将按数组排列顺序对逐个元素赋值。如：

```
int a[3][4]={1,2,3,4,5,6,7,8,9,10,11,12};
```

这种赋值方法与第一种类似，但不直观，数据太多时容易遗漏，也不易检查。

3. 可以对部分元素赋值。如：

```
int a[3][4]={{1},{2},{3}};
```

其作用是对每行第1列数据进行赋值，其余元素自动为0。赋值后各元素的值为：

$$\begin{bmatrix}1 & 0 & 0 & 0\\2 & 0 & 0 & 0\\3 & 0 & 0 & 0\end{bmatrix}$$

也可以对各行中的某一个或几个元素进行赋值：

```
int a[3][4]={{1},{0,2},{0,0,0,9}};
```

这样初始化后，各元素的值为：

$$\begin{bmatrix}1 & 0 & 0 & 0\\0 & 2 & 0 & 0\\0 & 0 & 0 & 9\end{bmatrix}$$

这样的初始化方法适用于非0元素较少时的赋值，不必将所有的0写出来，只需输入少量的数据即可。

也可以只对某几行元素赋初值：

```
int a[3][4]={{1},{0,2}};
```

初始化后，各元素的值为：

$$\begin{bmatrix}1 & 0 & 0 & 0\\0 & 2 & 0 & 0\\0 & 0 & 0 & 0\end{bmatrix}$$

没有对第3行进行赋值，取值自动为0。也可以对第2行不赋值：

```
int a[3][4]={{1},{},{0,2}};
```

4. 如果对全部元素都赋初值，则定义数组时对第一维的长度可以不指定，但第二维的长度不能省。如：

```
int a[3][4]={1,2,3,4,5,6,7,8,9,10,11,12};
```

等价于：

```
int a[][4]={1,2,3,4,5,6,7,8,9,10,11,12};
```

系统会根据数据的总个数来分配存储空间：一共12个数据，每行4个，显然能确定一共

3行。

在定义时也可以只对部分元素赋初值而省略第一维的长度，但应分行赋值。如：

```
int a[][4]={{1,2,3},{},{4,5}};
```

这种写法也能告诉编译系统，数组共有3行，赋值后各元素的值为：

$$\begin{bmatrix}1 & 2 & 3 & 0\\0 & 0 & 0 & 0\\4 & 5 & 0 & 0\end{bmatrix}$$

6.3.3　二维数组的应用

例6-3　使用二维数组求如下矩阵的转置矩阵。

$$a=\begin{pmatrix}1 & 2 & 3\\4 & 5 & 6\end{pmatrix}\Rightarrow b=\begin{pmatrix}1 & 4\\2 & 5\\3 & 6\end{pmatrix}$$

程序如下：

```
#include<stdio.h>
main()
{   int a[2][3]={{1,2,3},{4,5,6}};
    int b[3][2],i,j;
    printf("array a:\n");
    for(i=0;i<=1;i++)
        {
        for(j=0;j<=2;j++)
            {
            printf("%5d",a[i][j]);
            b[j][i]=a[i][j];
            }
        printf("\n");
        }
    printf("array b:\n");
    for(i=0;i<=2;i++)
    {
    for(j=0;j<=1;j++)
        printf("%5d",b[i][j]);
    printf("\n");
    }
}
```

例6-4　在给定的数组中找出与输入数据一样的数据，并给出所在的行号和列号。先画出流程图。见图6-3。

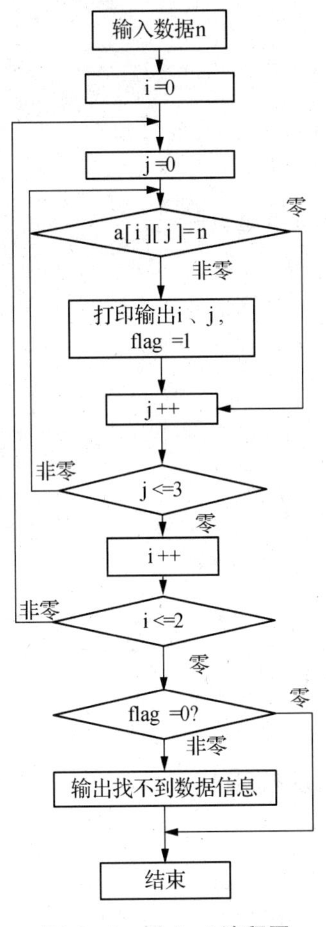

图6-3　例6-4流程图

根据流程图写出程序：

```
#include<stdio.h>
main()
{   int a[3][4]={{1,2,3,4},{5,6,7,8},{9,-5,0,6}};
    int i,j,n;
    int flag=0;
    printf("input your number:\n");
    scanf("%d",&n);
    for(i=0;i<=2;i++)
    {
        for(j=0;j<=3;j++)
        {
        if(a[i][j]==n)
            {flag=1;
```

```
            printf("row= %d,colum= %d\n",i,j);
            }
        }
    }
    if(flag==0)
    {
    printf("can't find the number!");
    }
}
```

运行情况如下：

```
input your number:
6↙
row=1,colum=1
row=2,colum=3
```

6.4 字符数组

6.4.1 字符数组的定义及初始化

1. 字符数组的定义

用来存放字符数据的数组是字符数组。字符数组中的一个元素存放一个字符。字符数组的定义方法与前面介绍的数组定义方法类似。如：

```
char c[12];
c[0]='H'; c[1]='e'; c[2]='l'; c[3]='l'; c[4]='o'; c[5]=' '; c[6]='w';
c[7]='o'; c[8]='r'; c[9]='l'; c[10]='d'; c[11]='! ';
```

定义了名为c的字符数组，元素个数为12。定义后数组的状态如图6-4所示：

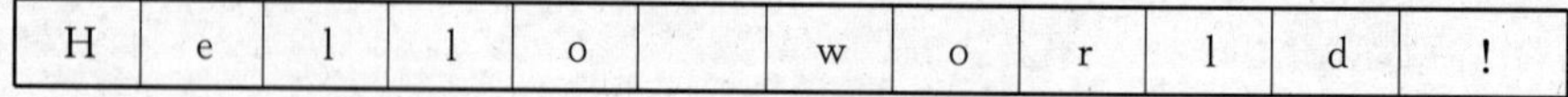

图6-4 字符数组存储状态

也可以使用整型数据类型来定义字符数组：

```
int c[5];
```

但这样定义将本来一个字节的字符数据采用两个字节来存放，浪费了存储空间。

也可以定义二维字符数组：

```
char c[2][5];
```

2. 字符数组的初始化

数组的初始化方法与前面介绍的数组初始化方法规则类似，如：

```
charc[12]={'H','e','l','l','o',' ','w','o','r','l','d','! '};
```

如果初值个数大于数组定义的范围,则编译器会提示语法错误。如果初值个数小于数组范围,则将初值按顺序赋给前面的元素,剩下的元素自动定义为空字符('\0')。如:

```
char c[8]={ 'H','e','l','l','o',' ','c' };
```

数组赋值后状态如图 6-5 所示:

c[0]	c[1]	c[2]	c[3]	c[4]	c[5]	c[6]	c[7]
H	e	l	l	o		c	\0

图 6-5 字符数组赋值后的状态

二维字符数组与二维数组的初始化方法类似:

```
char c[5][5]={{ ' ', ' ','*'},{' ', '*', ' ', '*'},{'*', '
',' ',' ','*'},{' ','*',' ','*'},{' ',' ','*'}};
```

这个5行5列字符数组组成了一个钻石平面图形。具体程序见例6-6。

6.4.2 字符数组元素的引用

可以通过引用字符数组中的元素,来得到其中的一个字符。

例 6-5 打印输出一个字符串。

```
#include<stdio.h>
main()
{   char c[12]={'H','e','l','l','o',' ','w','o','r','l','d','! '};
    int i;
    for (i=0;i<12;i++)
    printf("%c",c[i]);
    printf('\n');
}
```

运行结果:

```
Hello world!
```

例 6-6 打印输出一个钻石图形。

```
main()
{   char diamond[][5]={{' ',' ','*',},{' ','*',' ','*'},{'*',' ',' ','
    ','*'},{' ','*',' ','*"}, {' ',' ','*',};
    int i, j;
    for (i=0;i<5;i++)
        {for  (j=0;j<5;j++)
        printf ("%c",diamond[i][j]);
        printf("\n");
```

```
        }
}
```

运行结果为：

```
        *
      *   *
    *       *
      *   *
        *
```

6.4.3　字符串数组

在C语言中，字符串也作为字符数组在存放，称为字符串数组。例6-5就是用一个一维数组存放一个字符串中的字符。在使用字符串数组的过程中，我们常常关心的是字符串的实际长度而不是数组的长度。例如，定义一个字符数组来存放接收的字符串数据，长度为255，而实际接收到的字符串数据只有100。为了测定字符串的实际长度，C语言规定了一个"字符串结束标志"，用字符"\0"来表示。如果一个字符串中，第10个字符为"\0"，则字符串中有效字符为9个。即在对字符串进行测定过程中，若遇到"\0"，表示字符串结束，其前面的字符个数就是字符串的长度。

系统编译器对字符串常量也自动加一个"\0"作为结束符。例如：

```
char c[]="Hello";
```

在系统内存中存放情况为：

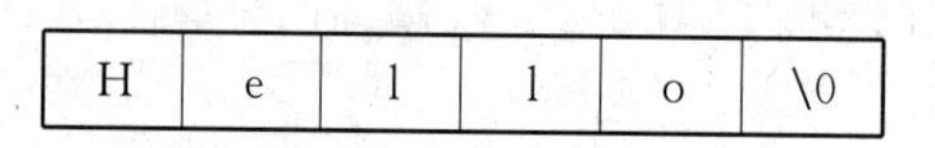

H	e	l	l	o	\0

图6-6　数组c存储情况

有了结束标志"\0"，字符数组的长度就显得不那么重要。只要根据"\0"的位置来判断字符串是否结束，而不是根据数组的长度来决定字符串的长度。但要注意的是，定义字符串数组长度的时候要根据实际字符串的长度，保证数组长度大于实际字符串的长度。如果一个字符串数组需要先后存放几个不同长度的字符串，则应保证数组长度大于最长的字符串的长度。

要说明的是：字符串结束标志"\0"表示ASCII码为0的字符，在ASCII码中，"\0"是一个不能显示的字符，表示空操作符"NULL"，意味着什么也不做。这样，采用"\0"作为结束标志，既不会产生附加操作又不会增加有效字符，只作为一个提供识别的标志。

在字符串的打印输出与初始化过程中，必须考虑"\0"的作用。

我们之前用过的语句：

```
printf("hello world! \n");
```

作用是输出一个字符串。printf函数执行的过程是每输出一个字符，都要判断下一个字符是否为"\0"，遇"\0"就结束输出。

对于字符串数组的初始化，我们可以采用如下的方法：

```
char c[]={"Hello"};
```

或省略花括号：

```
char c[]="Hello";
```

系统在给定义的数组进行初始化时，会自动在有效字符后面加上“\0”，那么字符串数组的长度为6。这与如下的字符数组是等价的：

```
char c[]={'H','e','l''l','o','\0'};
```

而下面的数组是不同的：

```
char c[]={'H','e','l''l','o'};
```

如果有

```
char c[10]= "Hello";
```

数组c的前5个字符是“H”，“e”，“l”“l”，“o”，第6个字符是“\0”，后4个字符为空字符。其在内存中的存储情况如图6-7所示：

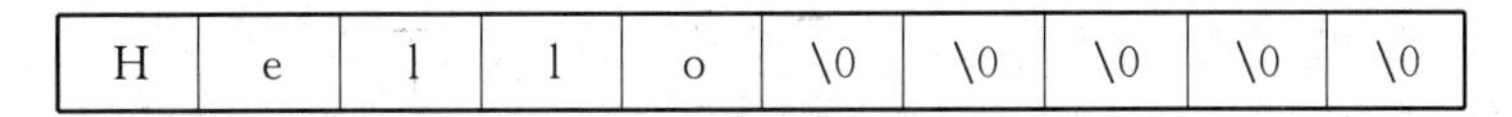

H	e	l	l	o	\0	\0	\0	\0	\0

图6-7　数组c存储情况

要说明的是，字符串数组并不要求它的最后一个字符为“\0”，甚至可以不包括“\0”，如以下的字符串数组定义和初始化是完全合法的：

```
char c[5]= {'H','e','l''l','o'};
```

是否使用“\0”根据需要而定。但由于系统对字符串常量总是自动加一个“\0”，因此为了使处理方法一致，便于测定字符串的实际长度，以及在程序中作相应的处理，在字符数组中也常常人为地加上一个“\0”。如：

```
char c[]={'H','e','l''l','o','\0'};
```

字符数组的输入与输出

字符数组的输入输出主要有两种方法：

1. 用“%c”格式符逐个输入输出。
2. 用“%s”格式符按字符串输入输出。

如：

```
char c[6];
scanf("%s",c);
printf("%s",c);
```

注意：

(1) 输出时，遇“\0”结束，且输出字符中不包含“\0”。

(2) “%s”格式输出字符串时，printf()函数的输出项是字符数组名，而不是元素名。

例如：

```
char c[6] = "China";
```

输出时以下两种写法都是对的：

```
printf("%s",c);
printf("%c",c[0]);
```

以下写法是不对的：

```
printf("%s",c[0]);
```

(3) “%s”格式输出时，即使数组长度大于字符串长度，遇“\0”也结束。

例如：

```
char c[10] = {"China"};
printf("%s",c); /* 只输出5个字符:China */
```

(4) “%s”格式输出时，若数组中包含一个以上“\0”，遇第一个“\0”时结束。

(5) 输入时，遇回车键结束，但获得的字符中不包含回车键本身(0x0D,0x0A)，而是在字符串末尾添“\0”。因此，定义的字符数组必须有足够的长度，以容纳所输入的字符(如，输入5个字符，定义的字符数组至少应有6个元素)。

(6) 一个scanf函数输入多个字符串，输入时以“空格”键作为字符串间的分隔。

例如：

```
char str1[5],str2[5],str3[5];
scanf("%s%s%s",str1,str2,str3);
```

输入数据：How are you? ↙

str1、str2、str3被赋值的数据如图6-8。

H	o	w	\0	
a	r	e	\0	
y	o	u	?	\0

图6-8　数组str1、str2、str3存储情况

若改成：

```
char str[13];
scanf("%s",str);
```

输入：How are you?

结果：仅“How”被输入数组str，str的赋值情况如图6-9。

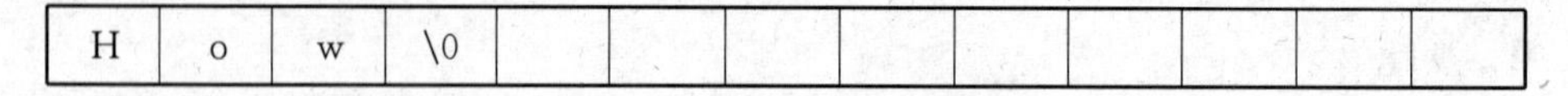

H	o	w	\0									

图6-9　数组str赋值情况

如要想str获得全部输入(包含空格及其以后的字符)，程序可设计为：

```
char c[13];
int i;
for(i=0;i<13;i++)
c[i] = getchar();
```

(7) C语言中，数组名代表该数组的起始地址，因此，scanf()函数中不需要地址运算符“&”。

例如：

```
char str[13];
scanf("%s",str);
```

以下写法就是不对的：

```
scanf("%s",&str);
```

字符串数组处理函数

为了方便编程者对字符串的处理，在C编译器的函数库中包含了一些字符串的函数，熟练地利用这些函数，对于程序员的字符串处理是很有好处的。下面介绍几种常用的函数：

1. 字符串输出函数：puts(字符数组)

作用是将一个字符串(以“\0”结束)输出到终端。如果已定义名为str1的字符串数组，且初始化为“hello world!”，则应用：

```
puts(str1);
```

其结果是在终端上输出hello world!。由于可以用printf函数输出字符串，因此puts函数用的并不多。用puts函数可以输出带转义字符的字符串。例如：

```
char str[]={"hello\nworld! "};
puts(str);
```

输出：

```
hello
world!
```

在输出时将字符串结束标志“\0”转换成“\n”，即输出完字符串后换行。

2. 字符串输入函数：gets(字符数组)

作用是从终端输入一个字符串到字符串数组，并返回一个表示字符数组起始地址的函数值。如执行下面的函数：

```
gets(str);
```

从键盘输入computer，回车。

作用是将“c”，“o”，“m”，“p”，“u”，“t”，“e”，“r”，“\0”这9个字符送给字符串数组str，函数返回值是字符串数组str的起始地址。当然，一般利用gets函数的目的是向字符串数组str输入一个字符串，而并不关心其函数返回值。

注意：

puts和gets函数只能输入和输出一个字符串，不能写成：

```
puts(str1,str2)或gets(str1,str2)
```

3. 字符串连接函数：strcat(字符串数组1，字符串数组2)

strcat是string catenate(字符串连接)的缩写。作用是连接两个字符串数组中的字符串，把字符串2连接到字符串1的后面，连接成的新字符串存放在字符串数组1中。函数调用后得到一个表示字符串数组1地址的返回值。例如：

```
char str1[20]={ "This is "};
char str2[]={"an example"};
printf("%s",strcat(str1,str2));
```

连接前后的数组内容状况如图6-10所示：

str1:	T	h	i	s		i	s		\0											
str2:	a	n		e	x	a	m	p	l	e	\0									
str1:	T	h	i	s		i	s		a	n		e	x	a	m	p	l	e	\0	

图 6-10 连接前后的字符串存储状况

注意：

(1) 字符串数组1必须有足够的长度，以便能装下串接后的新字符串。

(2) 连接前两个字符串的后面都有一个“\0”，连接后将第一个字符串后面的“\0”去掉，只在最后保留一个“\0”。

4. 字符串复制函数：strcpy(字符数组1，字符数组2)

strcpy是string copy(字符串复制)的缩写。作用是将字符串2复制到字符串数组1中去。例如：

```
char str1[10],str2[]={"hello! "};
```

执行：

```
strcpy(str1,str2);
```

str1的状态如图6-11所示：

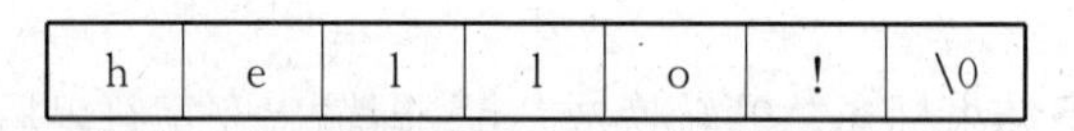

h	e	l	l	o	!	\0

图 6-11 复制后的数组 str1 存储状况

注意：

(1) “字符串数组1”必须有足够的长度，以容纳复制进来的字符串。“字符串数组1”的长度应不小于字符串数组2的长度；

(2) “字符串数组1”必须写成数组名形式(如str1)，“字符串数组2”可以是字符串数组名，也可以是一个字符串常量，如：

```
strcpy(str1, "hello! ");
```

(3) 复制时连同字符串后面的“\0”一起复制到字符串数组1中。

(4) 不能用赋值语句将一个字符串常量或字符串数组赋给一个字符串数组，如下面两种写法都是不合法的：

```
str1={"hello! "};
str1=str2;
```

而只能用strcpy函数进行字符串的整体赋值。用赋值符号只能是将一个字符赋给一个字符型变量或字符数组元素。

(5) 可以用strncpy函数将字符串2前面若干个字符复制到字符数组1中去。如：

```
strncpy(str1,str2,2);
```

作用是将str2中前面2个字符复制到str1中去，取代str1中前面2个字符。

5. 字符串比较函数：strcmp(字符串1，字符串2)

strcmp是string compare(字符串比较)的缩写。功能是对字符串进行比较，并返回一个结果。

例如：

```
strcmp(str1, str2);
strcmp(str1, "beijing");
strcmp("shanghai","wuhan");
```

函数对字符串的比较规则为：对两个字符串自左至右逐个字符的 ASCII 码进行比较，直到出现不同的字符或遇到“\0”为止。如果字符串全部相同则认为相等。若出现不同的字符，则以第一个不同的字符的比较结果为准。如：

```
'A'<'B', 'C'<'c', '3'>'! ', "girl">"boy","Women"<"men"。
```

比较的结果由函数返回值带回。具体规则如下：

(1) 如果两字符串相等，函数返回值为 0；

(2) 如果字符串 1>字符串 2，函数返回值为正数；

(3) 如果字符串 1<字符串 2，函数返回值为负数。

例 6-7 比较字符串 str1、str2 的大小。

```
#include <string.h>
#include <stdio.h>
main(void)
{   int result;
    char str1[]={"compare"};
    char str2[]="computer";
    result= strcmp(str1,str2);
    if(result==0)
        printf("string1 is equal to string2\n");
    else
    {
        if (result > 0)
            printf("string1 is greater than string2\n");
        else
            printf("string1 is less than string2\n");
    }
}
```

运行结果如下：

```
string1 is less than string2
```

注意：

判断两个字符串，不能采用以下的方法：

```
if(str1==str2)
    printf(string1 is equal to string2);
else
    …
```

而应该采用strcmp函数，根据返回值来判断：

```
if(str(str1,str2)) printf("…");
```

6. 字符串长度函数：strlen(字符数组)

strlen是string length(字符串长度)的缩写。作用是测试字符串的长度，函数返回值为字符串的实际长度(有效字符个数)，不包括"\0"在内。如：

```
char str1[15]={ "hello world"};
```

运行如下：

```
printf(" %s",strlen(str1));
```

输出结果为11。

7. 字符串小写函数：strlwr(字符串)

strlwr是string lowercase(字符串小写)的缩写。作用是将字符串中大写字母换成小写字母。

8. 字符串大写函数：strupr(字符串)

stripr是string uppercase(字符串大写)的缩写。作用是将字符串中小写字母换成大写字母。

以上介绍的8种字符串处理函数属于库函数，并非C语言本身的组成部分，而是人们为了方便程序的编写和移植而设计的、供大家使用的公共函数。一般在string.h文件中进行了声明，使用这些函数时应包含string.h文件。值得说明的是，不同的C语言编译系统，对库函数的定义和功能设计都有所不同，使用时应仔细查库函数手册。

6.5 小型案例

问 题

通过键盘输入一个英文句子存入电脑，再输入一个英文单词，判断英文单词是句子中的第几个单词。

分 析

解题思路为：先测试单词的序号，包括识别一个单词、计算是第几个单词；接着将第二次输入的单词与当前单词进行比较，若字符全部相同，则记录当前单词的序号并进行打印输出。

如何测试单词的序号？单词的序号可以由空格出现的次数来决定(连续的空格看做一个空格，一行开头的空格不统计)。如果测出某一个字符为空字符而前一个字符为空字符，则表示开始了一个新单词，此时num加1。如果当前字符为非空字符而前一个字符也为非空字符，则表示还是当前单词，没有新单词产生。前一个字符是否为空字符可以由flag看出。如果flag=1，表示当前字符为非空字符，flag=0，则表示当前字符为空字符。

句子中的单词与第二次输入的单词进行比较：判断新单词开始后，将当前单词的各个字符取出与输入的单词进行比较，如果字符相等，则将equal_num加1，如果equal_num等于输入单词的长度，而且下一个字符为空字符，则确认相同，输出单词序号。一旦发现字符不相等而且当前字符为空字符，则将i清零，以准备好与下一个单词进行比较。

数据需求

问题输入

str1[n]; /* 存放一个英文句子 */

str2[n]; /* 存放英文单词 */

问题输出

num; /* 单词在英文句子中的位置 */

算法设计

根据以上分析，用流程图 6-12 来表示算法：

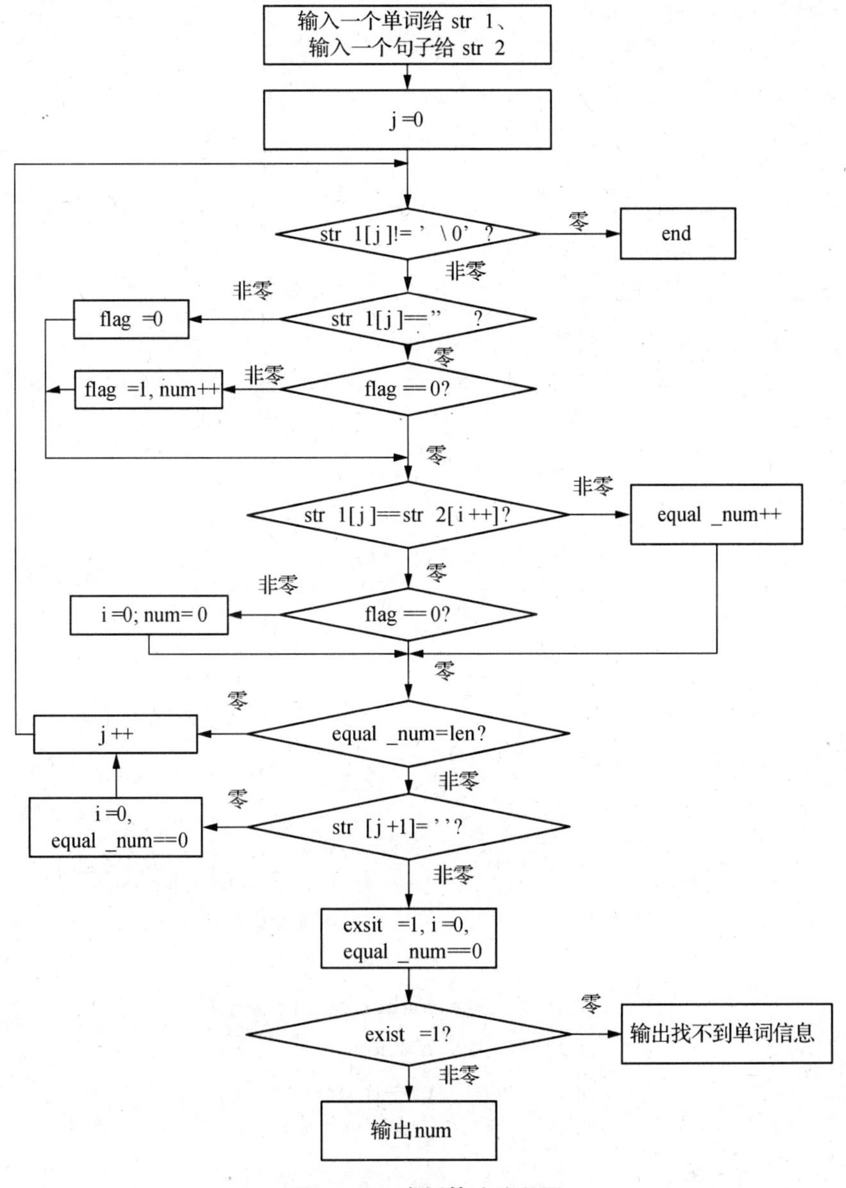

图 6-12　案例算法流程图

实 现

程序如下：

```
#include <stdio.h>
#include <string.h>
main()
{   int i,j,k,len,flag=0,equal_num;
    int num=0;
    char c,exist=0,e_flag=0;
    char str1[50];
    char str2[10];
    printf("Input a sentence:\n");
    gets(str1);
    printf("Input a word:\n");
    gets(str2);
    len=strlen(str2);
    for(j=0;(c=str1[j])!='\0';j++)
        {
        if(c==' ') flag=0;
        else if(flag==0)
            {
            flag=1;
            num++;
            }
        if(str2[i++]==str1[j])
            equal_num++;
        else
            if(flag==0)             /*新单词开始，被比较单词计数清零*/
              {i=0;equal_num=0;}
        if(equal_num==len)
            {
            if((c=str1[j+1])==' ')  /*字符全部相同并且下一个字符为空
                                      字符，确认*/
              {
                    printf("The number of the word:\n");
                    printf("%d\n",num);
                    i=0;equal_num=0;exist=1;
              }
            else
```

```
                {i=0;equal_num=0;}
            }
        }
    if(exist! =1)
        printf("Can't find the word\n");
}
```

运行情况如下：

```
Input a sentence:
This is an example of c! ↙
Input a word:
example↙
The number of the word:
4
```

程序中，变量j作为循环变量；变量i用来记录比较次数；num用来记录单词的序号；flag用来测试当前字符是否空字符（空字符是新单词开始的一个关键信号），如果为非空字符，flag置1；equal_num用来记录相同字符个数；exist用来表示查询结果，如果查询到单词，则置1，否则为0。

6.6 小 结

本章通过任务及案例介绍了数组的相关知识，主要包括一维数组、二维数组、字符数组以及字符串数组相关内容。

重点要掌握的有：

1. 一维数组的定义及使用方法。注意，常量表达式应使用方括号，不能使用圆括号。

2. 二维数组的定义和使用方法。掌握二维数组在内存中的存储情况。

3. 字符数组及字符串数组的定义及初始化方法。特别应注意字符数组在内存中的存储情况。

4. 字符串处理函数的应用。掌握常用的8个字符串处理函数，熟悉各函数的函数名、入口参数和出口参数。

习 题

一、选择题

1. 给出以下定义：

```
char x[]="abcdefg";
char y[]={'a','b','c','d','e','f','g'};
```

则正确的叙述为(　　)。

A. 数组X和数组Y等价　　B. 数组X和数组Y的长度相同

C. 数组X的长度大于数组Y的长度　　D. 数组X的长度小于数组Y的长度

2. int a [][3]={1,2,3,4,5,6,7};则a数组第一维的大小是(　　)。

A. 1　　B. 2

C. 3　　D. 4

3. 不能把字符串:Hello! 赋给数组b的语句是(　　)。

A. char b[10]={'H','e','l','l','o','! '};

B. char b[10];b="Hello!";

C. char b[10];strcpy(b,"Hello!");

D. char b[10]="Hello!";

4. 若有以下说明:

```
int a[12]={1,2,3,4,5,6,7,8,9,10,11,12};
char c='a',d,g;
```

则数值为4的表达式是(　　)。

A. a[g-c]　　B. a[4]

C. a['d'-'c']　　D. a['d'-c]

5. 以下程序的输出结果是(　　)。

```
main( )
 {    int *p;
      int  i,x[3][3]={9,8,7,6,5,4,3,2,1}; p=&x[1][1];
      for(i=0;i<4;i+=2)
          printf(" %d ",p[i]);
 }
```

A. 5 2　　B. 5 1

C. 5 3　　D. 9 7

6. 执行下面的程序段后,变量k中的值为(　　)。

```
int  k=3, s[2];
s[0]=k;  k=s[1]*10;
```

A. 不定值　　B. 33

C. 30　　D. 10

7. 设有数组定义:char array [ ]="China"; 则数组array所占的空间为(　　)。

A. 4个字节　　B. 5个字节

C. 6个字节　　D. 7个字节

二、填空题

1. 以下程序不使用strcpy函数进行字符串的拷贝,请填空。

```
main( )
{    char str1[80],str2[80];int i;
```

```
    printf("input str2:\n");
    scanf("%s",str2);
    for(i=0;i<=________;i++)
        str1[i]=str2[i];
    printf("str1:%s\n",str1);
}
```

2. 下面程序的功能是实现将一个字符串中的所有大写字母转换为小写字母并输出。请补充完整。

例如,当字符串为"This Is a c Program"

输出:"this is a c program"

```
    main()
    {   char str[80]="This Is a c Program";
        int i;
        printf("String is: %s\n",str);
        for(i=0;str[i]! ='\0';i++)
        if(str[i]>='A' && str[i]<='Z')
        ________;
        printf("Result is: %s\n",str);
    }
```

三、编程题

1. 统计全班某门功课成绩的平均分数和最高分数(假设全班人数为10人)。
2. 编写一个程序,将两个字符串串接起来,不能使用字符串连接函数。
3. 编写程序,用选择法对10个整数按从小到大的顺序排序。

第7章　函　　数

本章开始讲述程序设计的一个重要概念——函数。在开始本章讲解之前，请大家注意一些概念的准确定义，避免引起混淆。函数是C语言组织程序的方式，在日常工作中是必须用到而且使用频率也是最高的。

7.1　任务7——从身份证号码中间提取出生日期、性别、年龄等信息

问　题

在你所遇到的某个项目中需要将身份证号码中的出生日期、性别、年龄等信息提取出来。

分　析

身份证号码(IDCode)用18位(身份证号码分18位和15位，这里我们只考虑18位的身份证号码)的字符串表示，提取出来的日期(Date)用三个整数分别表示年份(Year)、月份(Month)和日期(Day)，提取出来的性别(Gender)用0和1表示，分别代表女性和男性，年龄(Age)根据当前年份减去出生年份得到。

如18位的身份证号码：450104197710101516

1. 1—6位为地区代码，其中1、2位数为各省级政府的代码，3、4位数为地、市级政府的代码，5、6位数为县、区级政府代码。

2. 7—10位为出生年份(4位)，如1977。

3. 11—12位为出生月份，如10。

4. 13—14位为出生日期，如10。

5. 第15—17位为顺序号，为县、区级政府所辖派出所的分配码，每个派出所分配码位10个连续号码，例如“150—159”，其中单数为男性分配码，双数为女性分配码，如遇同年同月同日有两人以上时。顺延第二、第三、第四、第五个分配码。

6. 18位为校验位(识别码)，通过复杂公式算出，普遍采用计算机自动生成。

数据需求

问题输入

IDCode　　　　/* 身份证号码 */

问题输出

Year　　/ * 年份 * /
Month　　/ * 月份 * /
Day　　/ * 日 * /
Gender　　/ * 性别 * /
Age　　/ * 年龄 * /

相关公式

$$年龄 = 当前年份 - 出生年份$$

设　计

主函数流程图和 ChangeStrToInt 函数流程图(图 7-1):

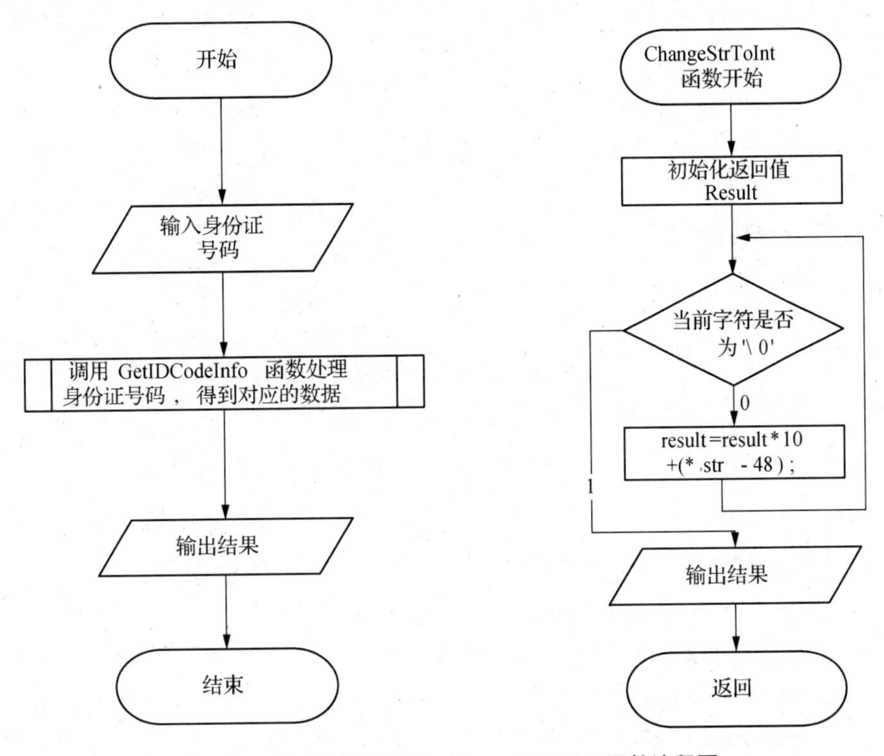

图 7-1　主函数流程图和 ChangeStrToInt 函数流程图

根据任务要求，输入的身份证号码是字符串(即字符数组)，首先根据身份证号码的意义，提取出表示出生年份的字符子串如"1977"，这个过程中使用 char * GetSubString(char * str,int begin,int end)函数实现，然后将得到的字符串转换为对应的整数 1975。

算　法

这里涉及的算法相对比较简单，程序为了独立运行，没有使用 string. h 头文件中涉及的求字符串子串的函数 strsub 和求字符串长度函数 strlen 系统函数。

实 现

```
/*程序源代码文件命名为demo0701.c*/
#include "stdio.h"
#include "string.h"
#include "stdlib.h"
/*将字符串转换成整数*/
int ChangeStrToInt(char str[])
{
  int result=0;
  /*下面的代码中把数组名当做指针变量来使用*/
  for(;*str!='\0';str++)
  {
      /*将字符表示的数字转换成对应的整数数字
      并拼接成对应的整数*/
    result=result*10+(*str-48);
  }
 return result;
}
/*从字符串中取出对应的子串*/
/*如:字符串"ABCDE",取出第2个字符开始到第4个字符结束,得到字符串"BCD"*/
char *GetSubString(char *str,int begin,int end)
{
    char *result;
    int i;
    /*为局部变量申请内存*/
    result=(char *)malloc(80);
    /*用空字符填充字符串*/
    for(i=0;i<80;i++)
        result[i]=0;

    /*取子串*/
    for(i=begin-1;i<=end-1;i++)
        result[i-begin+1]=str[i];

    return result;

}
```

```
void GetIDCodeInfo(char * idCode,int currentYear,int * year,int * month,int
* day,int * age,int *gender)
{
    /* GetSubString(idCode,7,10)是函数调用语句 */
    /* 把一个函数调用的结果作为另外一个函数调用语句的实际参数 */
    /* 称为函数的嵌套调用 */
   *year=ChangeStrToInt(GetSubString(idCode,7,10));
   *month=ChangeStrToInt(GetSubString(idCode,11,12));
   *day=ChangeStrToInt(GetSubString(idCode,13,14));
   *age=currentYear- *year;

  if(ChangeStrToInt(GetSubString(idCode,15,17)) %2 ==0)
  {
      *gender=0;
  }
  else
  {
      *gender=1;
  }
}
main()
{
  char idCode[30]="";
  int year,month,day,age,currentYear=2009,gender;
  year=month=day=age=gender=0;
  printf("输入18位的身份证号码[如:429004197507022369]:");
  gets(idCode);
  GetIDCodeInfo(idCode,currentYear,&year,&month,&day,&age,&gender);

  printf("\n输入身份证号码为:%s\n当前年份为:%d\n\t出生日期
为:[%4d/2d:%2d]\n\t年龄:%d \n\t性别:%s",
      idCode,currentYear,year,month,day,age,gender==0?"女":"男");
  getch();
}
```

测 试

运行程序结果:

```
输入18位的身份证号码[如:429004197507022369]:429004197007222351
输入身份证号码为:429004197007222351
```

```
当前年份为:2009
      出生日期为:[1970/7/22]
      年龄:39
      年龄:男
```

7.2 函数的概念

函数是C语言组织程序的基本单位,用来把实现一个功能相关的代码组织在一起,方便功能的划分。同时,一个函数定义好之后,可以多次调用,减少了代码的书写量。

函数的分类有如下几种方式。

按函数的出处划分为系统函数和用户自定义函数。如strlen()函数,用来求字符串中字符的个数,在string.h头文件中给出;如malloc()函数,用来向操作系统申请内存区,在stdlib.h头文件中给出。这样的函数在使用的时候无须自己书写代码就可以直接使用,只要使用inlcude编译指令包含对应的头文件即可。自定义函数要求用户自己给出函数的定义,才能够使用,这样的函数称为自定义函数,如程序代码demo0701.c中间的ChangeStrToInt、GetSubString和GetIDCodeInfo函数。

按函数的参数不同划分为有参函数和无参函数。如果一个函数在调用的时候不需要给出参数,这样的函数称为无参函数,反之称为有参函数。比如demo0701.c中间的ChangeStrToInt函数,函数定义为int ChangeStrToInt(char str[]),这里的char str[]就是定义了一个参数,则函数ChangeStrToInt是一个有参函数。如getch()函数,其作用是等待用户输入一个键,就是一个无参函数。

按是否有返回值划分为有返回值函数和无返回值函数。如果一个函数的返回值为void类型,表示这个函数不需要返回一个值给函数的调用者,则这样的函数称为无返回值的函数,反之称为有返回值函数。如我们书写一个函数,用来提示用户敲任意键之后继续程序的运行,代码可以写为:

```
void waitInfomation()
{
    printf("\n请输入回车继续运行程序...");
    getch();
}
```

这个函数就没有返回任意值,函数waitInfomation()称为无返回值函数。比如demo0701.c中间的函数ChangeStrToInt(),最后返回了一个整数值,就是一个有返回值的函数。

7.2.1 库函数的使用

库函数是系统已经写好了,供用户直接调用的函数。库函数针对不同的编译系统,所提供的函数多少也不完全一样,函数名称和参数定义也会不完全一样。要注意的是,调用库函数一定要引用定义库函数的头文件。如,要使用 string. h 中定义的 strlen 函数求一个字符串的长度,就需要在文件的开始位置加上汇编指令"#inlcude "string. h""或者写成"#include <string. h>"。附录 2 给出了 C 语言常用的库函数的列表。

7.2.2 函数的定义

函数的定义就是给出函数的所有内容,是完成函数功能的所有的程序块。其一般格式为:

```
函数类型　函数名称(形式参数表)                  /* 函数首部 */
{
    说明语句部分
    可执行语句部分                              /* 函数体 */
}
```

说明:

(1) 其中第一行"函数类型 函数名称(形式参数表)"称为函数首部,其他部分称为函数体。注意,函数首部后面无分号,函数体必须用大括号对括起来。

(2) 函数的类型表示函数执行之后返回的数据的类型。如果函数不需要返回值的时候,函数类型写成 void 类型。如果省略函数类型不写,系统会把函数类型当做 int 类型。

(3) 函数名称是一个标识符,同一个程序中函数的名称不能相同,这和其他语言可能不同。

(4) 函数首部的小括号是语法的一部分,必须出现,即便是没有形式参数,小括号也不能省略。

(5) 形式参数用于调用函数和被调用函数之间的数据传递。调用函数通过实际参数把数据传递给形式参数,形式参数在系统调用之前不在内存中间,只有在调用后才出现。注意:当有多个形式参数的时候(如:void fun(int x,int y)),不能省略书写(即不能写成 void fun(int x,y)。

例 7-1　写函数,求 1+2+3+…+100 的和。

```
#include <stdio.h>
int summation(int n)
{
  int i,sum;
  for (i=1,sum=0;i<=n;i++)
  {
    sum+=i;
  }
  return sum;
}
void main()
{
```

```
    int sum;
    int n;
    n=100;
    sum=summation(n);
    printf("1+2+...+100=%d\n",sum);
}
```

程序运行结果:

```
1+2+...+100=5050
```

说明:程序从主函数开始运行,当运行到语句 sum=summation(n);时,程序跳转到函数 int summation(int n)去执行,并把实参 n 的值赋给形参 n,这里虽然实参的名称和形参的名称相同,但是它们处在不同的内存区,可以当做是两个完全不同的变量。函数执行完成之后回到 sum=summation(n);语句继续往下执行,并把 return sum;语句中间 sum 变量的值作为函数值,传送给 sum=summation(n);语句中的变量 sum。sum=summation(n);这一条语句是函数调用语句。

7.2.3 函数的声明

在写得比较好的C语言代码中间,函数在使用之前先声明。函数声明使得编译器能够检查函数定义时的参数类型和函数调用时的参数类型之间不合法的类型转换,参数个数和函数定义时参数个数的差别。一般用函数定义时函数的首部后面加分号作为函数的声明。可以省略函数形参的变量名称。

一般形式如下:

```
函数类型 函数名(形式参数表);
```

比如 demo0702.c 代码中的函数 summation 的声明可以写成

```
int summation(int n);
```

也可以写成:

```
int summation(int );
```

如果程序中函数的定义出现在第一次调用该函数之前,那么函数的定义可以起到声明的作用,也就是说,这时可以省略函数的声明。还有一种情况可以省略声明,就是函数的返回值是整型数值类型的时候可以省略声明。

7.3 函数的参数和返回值

7.3.1 函数的参数

如果一个函数需要接受参数,那么在定义函数的时候必须事先定义可以接受这些参数值的参数，这就是函数的形式参数，形参定义放在函数定义后面的括号中。代码Demo0702.c的函数还可以写成下面的形式。

```
int summation(n)
int n;
{
  int i,sum;
  for (i=1,sum=0;i<=n;i++)
  {
    sum+=i;
  }
  return sum;
}
```

函数的形式参数可以当做函数内的局部变量使用。

7.3.2 函数的返回值

函数中止执行返回到调用该函数的程序时，可能有两种情况，一是函数的最后一条语句执行完毕，另外一种情况就是遇到return语句。return语句有三种可能的用法。

return ;　终止函数的执行。

return x;　终止函数的运行并返回x的值。

return (x);　终止函数的运行并返回x的值。要注意，return只是一个关键字，而不是函数。

除函数类型为void之外的所有函数都需要有返回值。

在写程序的时候用到函数的有三种类型。

第一种是简单的计算类型。这种函数被专门设计成对函数的参数执行一定的操作，并将计算的结果返回。比如库函数sqrt()和sin()。

第二种类型的函数是对信息进行处理，并返回一个表示信息处理成功还是失败的值。如库函数fwrite()用来将信息写入到文件磁盘文件中，如果写入成功返回写入成功的信息条数，如果写入失败，返回要求与写入信息条数不等的数值。

第三种函数没有返回值。这类函数是过程化，不会产生需要返回的值。比如系统函数printf()，它用来输出一些信息，虽然这种函数有时也返回了值，而这个值并不是非返回不可的有用值。

如果函数在return语句中返回的值的类型与函数类型不一致，会进行强制类型转换，转换成函数类型的值。

7.4 函数的参数传递方式

在计算机语言中，将参数传递到子程序中的方法有两种。第一种称为值传递，这种方法把参数的值复制给子程序的形式参数。第二种称为地址传递，这种方法把参数的地址复制给形式参数。

7.4.1 值的传递

在值传递方式中，由于形式参数得到的值是实际参数的一个副本，所以，对于形式参数的值的修改，不会影响到实际参数的值。

例 7-2 下面的代码尝试通过将两个形式参数的值互换达到交换实际参数值的功能，不能成功。

```
#include <stdio.h>
void swapValue(int x,int y)
{
  int temp;
  temp=x;
  x=y;
  y=temp;
}
main()
{
    int x,y;
    x=3,y=5;
    printf("\n 交换前:x= %d,y= %d",x,y);
    swapValue(x,y);
    printf("\n 交换后:x= %d,y= %d\n",x,y);
}
```

程序运行结果：

```
交换前:x=3,y=5
交换后:x=3,y=5
```

7.4.2 地址的传递

在地址传递方式中，仍然是把实际参数的值复制给形式参数，但是参数的值是一个地址。在子程序中通过地址来存取实际参数所指向的地址的值。这就意味着通过对形式参数所指向的值的修改，可以影响到实际参数所指向的值。

例 7-3 编写函数，交换两个变量的值。

```
#include <stdio.h>

void swapValue(int * x,int * y)
{
  int temp;
```

```
  temp= * x;
  * x= * y;
  * y=temp;
}
main()
{
    int x,y;
    x=3,y=5;
    printf("\n交换前:x= %d,y= %d",x,y);
    swapValue(&x,&y);
    printf("\n交换后:x= %d,y= %d\n",x,y);
}
```

说明:

这个例子中的 swapValue(&x,&y)函数调用语句传递给形参的是两个变量 x 和 y 的地址。所以形式参数中的两个指针变量可以通过指针变量 x 和 y,可以通过修改 x 和 y 所指向的值,来达到修改实参的目的。

程序运行结果:

```
交换前:x=3,y=5
交换后:x=5,y=3
```

这里要着重强调一点:实际参数传递给形参的仍然是一个值,如果修改指针变量 x 和 y 的值,仍然是起不到作用的。

如把上面的代码修改为:

```
#include <stdio.h>

void swapValue(int * x,int * y)
{
  int * temp;
  temp=x;
  x=y;
  y=temp;
}
main()
{
    int x,y;
    x=3,y=5;
    printf("\n交换前:x= %d,y= %d",x,y);
    swapValue(&x,&y);
    printf("\n交换后:x= %d,y= %d\n",x,y);
}
```

程序运行结果：

```
交换前:x=3,y=5
交换后:x=3,y=5
```

由于数组名就是指向数组首地址的指针，我们也可以通过传递数组名的方法来修改数组元素的值。

例 7-4 编写函数，将一维数组的数组元素倒置。

```
#include <stdio.h>
#define  N 10
void convert(int data[])
{
    int i;
    for(i=0;i<N/2;i++)
    {
        int t;
        t=data[i];
        data[i]=data[N-i-1];
        data[N-i-1]=t;
    }
}
void printData(int data[])
{
    int i;
    printf("\n");
    for(i=0;i<N;i++)
    {
        printf("%d\t",data[i]);
    }
}
main()
{
    int data[]={1,2,3,4,5,6,7,8,9,0};
    printf("转置前");
    printData(data);

    convert(data);

    printf("转置后");
    printData(data);
}
```

程序运行结果：

```
转置前:1 2 3 4 5 6 7 8 9 0
转置后:0 9 8 7 6 5 4 3 2 1
```

7.5 函数的调用

函数的调用方式可以分为一般调用、嵌套调用和递归调用三类。

7.5.1 函数的一般调用

如例 7-4 中的 printData(data);,对于有返回值的函数,还可以如例 7-1 中的 sum= summation(n);方式调用,把函数调用的结果直接作为一个值赋给其他变量。对于有返回值的函数来说,如果不需要使用函数调用的值,也可以直接调用,让函数执行一次。如 summation(n);。

7.5.2 函数的嵌套调用

函数的嵌套调用是指在一个函数调用语句中,函数的实际参数是一个函数调用的结果。

例 7-5 求三个整数中间的最大数的值。

```
#include <stdio.h>
int max(int x,int y);
main()
{
    int a,b,c;
    int maxv;
    a=3,b=4,c=5;
    maxv=max(max(a,b),c);/* 这里就是 max 函数的嵌套调用 */
    printf("最大值为:%d\n",maxv);
}
int max(int x,int y)
{
    return x>y? x:y;
}
```

程序运行结果：

```
最大值:5
```

7.5.3 函数的递归调用

函数的递归调用是指在一个函数的定义中又调用了这个函数本身。递归调用也称循环定义。递归就是用自身来定义某事的过程。

我们可以用一个简单的公式来表示可以使用递归来完成的函数：

```
函数类型 fun(数据类型 n)
{
  if(满足递归出口条件)
    return 结果;
  else
    转换为更加简单的调用;
}
```

例 7-6 求 n! 的值。

如果我们用 fun(n)=n! 来表示，则 n=1 时，fun(1)=1；n>1 时，fun(n)=n*fun(n−1)。

```
#include <stdio.h>
long fun(int n);
void main()
{
    int n;
    n=5;
    printf("%ld\n",fun(n));
}
long fun(int n)
{
    long ret;
    if(n==1)        /*递归结束条件*/
        ret=1;
    else
        ret=n*fun(n-1); /*递归公式*/
    return ret;
}
```

程序运行结果：

```
120
```

7.6 变量的作用域和存储类型

7.6.1 变量的作用域

变量的作用域是指变量有定义的程序部分,即变量能够使用的代码范围。根据变量的作用域把变量分为全局变量和局部变量。

1. 局部变量

局部变量是在函数中定义的变量,其使用范围在它所存在的语句块中间,局部变量也称内部变量。局部变量不需要说明,因为其不能跨越编译单元。函数的形式参数当做局部变量使用。

2. 全局变量

全局变量是在任何一个函数外部定义的变量,其使用范围在其定义之后的所有函数。其作用域内的函数都可以访问全局变量,如果一个局部变量和一个全局变量的名称相同,那么在该局部变量的作用域内,局部变量将会屏蔽全局变量。

7.6.2 变量的存储类型

C语言支持4种存储类型,它们是extern、static、register、auto。这些说明符告诉编译器如何存储相应的变量。

一般定义方法:

```
存储类型 数据类型 标识符;
```

1. auto类型

auto是表示自动类的关键字,在函数内部定义的变量,如果不指定其存储类型,那么就是自动类存储变量。也可以在定义变量的时候加上auto关键字,如:auto double x;。

自动变量在使用中须注意:

(1) 自动变量的作用域局限于定义它的语句块或函数。出了其作用域,其值即从内存中撤销。

(2) 不同语句块中的auto变量可以同名。同名变量不会使用相同的内存单元。

(3) 函数的形参具有自动变量的属性,但是不允许对形参使用auto关键字。

2. register类型

用register关键字修饰的变量是寄存器变量,它只能用来修饰局部变量。寄存器变量的值存放在寄存器中间,存放在寄存器中的变量具有更高的运行速度,可以对一段时期内反复使用的局部变量定义为寄存器变量,比如循环变量。寄存器变量的数据类型只有char、short、unsigned int、int和指针类型。

3. extern类型

extern关键字修饰的变量是外部变量。C语言允许单独编译一个程序的各个模块,然后链接起来，这样可以加速编译和管理大型的项目，所以必须提供一种方法让所有的文件了解程序所需要的全局变量。解决的方法就是，在一个文件中声明所有应用程序需要的全局变量，然后在使用的文件中使用 extern 来声明。

例 7-7 演示不同文件中 extern 的使用。

在源代码文件 Demo70601.C 中输入如下代码：

```
#include <stdio.h>

int s;/*定义全局变量*/
main()
{
/*由于函数是在另外一个编译单元中定义，而不是在本文件中定义，所以在声明的时
   候加上了 extern 修饰。*/
    extern proc();
    proc();
    printf("%d\n",s);
}
```

在同一个项目的另外一个源代码文件 Demo70602.C 中输入如下代码：

```
extern int s;/*声明全局变量 s*/

/*编写用来处理全局变量的函数 proc*/
void proc()
{
    s=100;
}
```

程序运行结果：

```
100
```

当声明为变量创建存储空间时，称为定义。通常，extern 语句是声明，而不是定义（如果一个声明包含了初始化，那么就是定义）。它只是简单地告诉编译器该定义已经存在于程序的某个位置。

下面的例子演示在同一个程序中使用 extern 的情况。

例 7-8 extern 应用举例。

```
#include <stdio.h>

main()
{
    extern int s;
    printf("s=%d\n",s);
}
int s=2;
```

程序运行结果：

```
s=2
```

在这个程序中，int s=2；定义了全局变量 s，其作用域只能是定义之后的函数，而 main 函数在定义之前，为了使用该变量 s，就对其作了声明 extern int s；。

4. static 类型

static 关键字修饰的变量称为静态变量。声明为 static 的变量是一个在本函数或文件内永久有效的变量。它们和全局变量不同的是其在自身的函数或文件外不可访问，但是其值不能在函数调用间保持不变。

当对全局变量使用 static 说明符时，它指示编译器该全局变量只在声明其为 static 全局变量的文件中可访问。这也意味着即使该变量是全局的，其他文件中的部分对它也是不可访问的。这种限制可以使程序员建立一个较小的、只包含那些需要 static 全局变量的较少的函数的文件，单独编译该文件，而使用者不用担心可能带来的负面效果。

下面的例子用来演示在 static 变量作为局部变量时的使用情况。

例 7-9　程序用来演示 static 修饰的局部变量的用法。

```
#include <stdio.h>
#include <conio.h>

int count(int i);

main()
{
    printf("请在程序运行几秒钟之后按任意键! \n");
    do {
        count (0);
    }while(! kbhit() ); /*kbhit()测试键盘是否被按下任意键*/
    printf("Count 函数调用了 %d 次\n",count(1));
    getch();
}
int count(int i)
{
    static int c=0;
/*静态局部变量只在第一次该语句的时候做了语句 c=0,
再次调用的时候保留了上次调用的值。*/
    if(i) return c;
    else
        c++;
    return 0;
}
```

程序运行结果：

```
请在程序运行几秒钟之后按任意键!
Count 函数调用了 33574 次
```

7.7 函数的作用范围

C程序代码可以分布在多个文件当中,根据这些函数的使用范围,可以把函数分为内部函数和外部函数。

7.7.1 内部函数

内部函数又称为静态函数,类似于静态外部变量,它只能在定义它的文件中被调用,不能被其他文件中的函数调用。基本语法为:

```
static 数据类型 函数名(形参列表)
{
    声明部分
    可执行部分
}
```

7.7.2 外部函数

除了内部函数之外,其余的函数都可以被其他文件中的函数所调用,同时在调用函数的文件中需要加上 extern 对函数进行声明,在定义函数的时候可以省略掉 extern 关键字。我们在前面写的所有的函数都是省略了 extern 的外部函数。参见示例 Demo70601.C 的源代码。

7.8 小型案例

问 题

某公司给客户办理消费卡,每张卡必须具有一个 6 位数的密码,现在需要一个程序,每次生成 100 个不同的随机 6 位数作为密码。请编写程序,每次运行程序即可生成 100 个随机数,且随机数不重复。用数组保存密码,方便其他程序调用。

分 析

1. 使用数组保存作为密码的随机数。
2. 使用随机函数产生随机数,并保证随机数为 6 位,且每次生成的随机数不同。
3. 必须检查已经生成的随机数不在已经生成的随机数数组中。

根据以上分析，可以编写程序如下：

```
#include <stdio.h>
#include <stdlib.h>
#include <time.h>

#define M  100
int len;                                /*用来保存已经生成的随机数的个数*/
int CheckIn(int pass[],int value)       /*检查值 value 是否存在于数组 pass[]
                                          中*/
{
    int i;
    for(i=0;i<len;i++)
    {
        if(value==pass[i])
        {
          break;
        }
    }
    if(i>=len)
        return 1;
    else
        return 0;
}
void createPass(int pass[])             /*生成所有的 100 个密码*/
{
    int v;
    srand((int)time(0));
    while(len<M)
    {
        v=(rand()+100000) % 1000000;
        if(CheckIn(pass,v)! =0)
            pass[len++]=v;
    }
}
void displayPass(int pass[])            /*显示所有的密码*/
{
    int i;
    for(i=0;i<len;i++)
    {
```

```
        printf("\n%d",pass[i]);
    }
}
void main()
{
    int pass[M];
    len=0;/*初始化全局变量len*/
    createPass(pass);
    displayPass(pass);
}
```

7.9 小　　结

本章介绍了函数的相关概念和用法。函数是C语言中比较重要的一个内容,同学们务必掌握。下面对本章的知识点做一个归纳总结:

1. 使用库函数必须引用库函数所在的头文件,头文件名用双引号或者尖括号括起来,后面不能有分号。

2. 函数的定义如果在函数调用之前,可以不对被调用函数做声明。反之则可能需要做声明,除非被调用函数返回值被定义为整型数据类型或字符型。

3. 若函数中return语句后面的返回值类型与函数类型不一致,会将被返回的值强制转换为函数类型,若不能转换则会出错。

4. 函数调用时,形参的个数、数据类型和顺序必须和实参的个数、数据类型、顺序一致。若数据类型不一致会发生强制类型转换为实参类型。参数个数不一致时会在编译时报错。

5. 函数定义时若不写函数类型,会被默认为整型而不是void类型。

6. 函数声明可以和函数定义的首部一致,也可以不写形参的变量名。

7. 函数的形参属于局部变量,在函数未被调用前不在内存中,函数调用结束后立即撤销。

8. 函数体中,执行到return语句便会退出函数的执行。

9. 函数的参数传递分为值传递和地址传递。可以通过地址传递方式传递给形参的值来修改实参所引用的值。值传递中修改了形参的值时,函数调用结束后不会回传给实参。

10. 数组作为函数参数时,实际上只传递了数组的首地址。

11. 函数调用的结果可以被使用,也可以不使用。若函数类型为void,则不能将其返回值赋给其他变量。

12. 函数可以嵌套调用,不能嵌套定义。

13. 若局部变量和全局变量同名,在局部变量的作用域内会屏蔽全局变量。

14. 在变量定义时若不指定存储类型,默认为auto类型变量。

15. 把循环变量声明为register类型可以提高循环的执行速度。

习 题

一、选择题

1. 以下正确的说法是(　　)。

A. 用户若需要调用标准库函数,调用前必须重新定义

B. 用户可以重新定义标准库函数,如此,该函数将失去原有定义

C. 系统不允许用户重新定义标准库函数

D. 用户若需要使用标准库函数,调用前不必使用预处理命令将该函数所在的头文件包含编译,系统会自动调用

2. 以下正确的函数定义是(　　)。

A. double fun(int x, int y)
　{ int z ; return z ;}

B. double fun(int x,y)
　{ z=x+y ; return z ; }

C. fun (x,y)
　{ int x, y ; double z ;
　z=x+y ; return z ; }

D. double fun (int x, int y)
　{ double z ;
　return z ; }

3. 以下正确的说法是(　　)。

A. 实参和与其对应的形参各占用独立的存储单元

B. 实参和与其对应的形参共占用一个存储单元

C. 只有当实参和与其对应的形参同名时才共占用相同的存储单元

D. 形参是虚拟的,不占用存储单元

4. 以下正确的函数声明是(　　)。

A. double fun(int x , int y)

B. double fun(int x ; int y)

C. double fun(int x , int y) ;

D. double fun(int x,y)

5. 以下不正确的说法是(　　)。

A. 实参可以是常量,变量或表达式

B. 形参可以是常量,变量或表达式

C. 实参可以为任意类型

D. 如果形参和实参的类型不一致,以形参类型为准

6. C语言规定,函数返回值的类型是由(　　)决定的。

A. return语句中的表达式类型

B. 调用该函数时的主调函数类型

C. 调用该函数时由系统临时

D. 在定义函数时所指定的函数类型

7. 以下正确的描述是(　　)。

A. 函数的定义可以嵌套,但函数的调用不可以嵌套

B. 函数的定义不可以嵌套,但函数的调用可以嵌套

C. 函数的定义和函数的调用均不可以嵌套

D. 函数的定义和函数的调用均可以嵌套

8. 若用数组名作为函数调用的实参,传递给形参的是(　　)。

A. 数组的首地址　　B. 数组中第一个元素的值
C. 数组中的全部元素的值　　D. 数组元素的个数
9. 如果在一个函数中的复合语句中定义了一个变量,则该变量(　　)。
A. 只在该复合语句中有定义　　B. 在该函数中有定义
C. 在本程序范围内有定义　　D. 为非法变量
10. 以下不正确的说法是(　　)。
A. 在不同函数中可以使用相同名字的变量
B. 形式参数是局部变量
C. 在函数内定义的变量只在本函数范围内有定义
D. 在函数内的复合语句中定义的变量在本函数范围内有定义
11. 以下不正确的说法是(　　)。
A. 形参的存储单元是动态分配的
B. 函数中的局部变量都是动态存储
C. 全局变量都是静态存储
D. 动态分配的变量的存储空间在函数结束调用后就被释放了
12. 以下不正确的说法是(　　)。
A. 全局变量,静态变量的初值是在编译时指定的
B. 静态变量如果没有指定初值,则其初值为0
C. 局部变量如果没有指定初值,则其初值不确定
D. 函数中的静态变量在函数每次调用时,都会重新设置初值
13. 以下不正确的说法是(　　)。
A. register变量可以提高变量使用的执行效率
B. register变量由于使用的是CPU的寄存器,其数目是有限制的
C. extern变量定义的存储空间按变量类型分配
D. 全局变量使得函数之间的"耦合性"更加紧密,不利于模块化的要求

二、填空题

1. C语言函数返回类型的默认定义类型是________。

2. 函数的实参传递到形参有两种方式:________和________。

3. 在一个函数内部调用另一个函数的调用方式称为________。在一个函数内部直接或间接调用该函数成为函数________的调用方式。

4. C语言变量按其作用域分为__________和__________,按其生存期分为________和________。

三、编程题

1. 编写一个函数,判断一个整数是否是素数。

2. 编写一个函数,将两个字符串首尾连接。

3. 编写一个函数,求两个整数的和与乘积。

4. 编写一个函数,计算s=1+1/2!+1/3!+…+1/N!。

第 8 章　编译预处理

C 语言程序与其他高级语言程序的一个重要区别是可用预处理命令和具有预处理的功能(理解预处理即是程序在被编译前先就对这些特殊的命令进行预处理,以对程序作相应的处理设置),经预处理后程序不再含预处理命令,源程序进入通常的编译、连接与运行等环节。

运用预处理命令和功能可改进程序设计环境,提高编程效率,但它并不是 C 语言程序本身的组成部分,不能被编译程序识别。本章主要学习宏定义、条件编译及文件包含命令的相关知识,以期在编程时正确运用从而提高编码效率。

8.1　任务 8——求解某校园圆形花坛的圆周长及圆面积

问　题

在几何图形的求解问题中,通常需要求解圆周长及面积,只要已知圆半径便可依相应算法求解所需问题,以下是运用符号常量设计程序,计算圆周长及面积,从而认识宏定义的作用。

分　析

要解决这类问题,首先为所需使用的常量确定好便于记忆和理解的符号标识,以便构造程序和整理程序文本,从而也方便程序的修改和移值,接下来按程序功能编码。

程序中运用圆周长计算公式及圆面积计算公式进行计算,公式书写符合 C 语言程序语句形式即可。

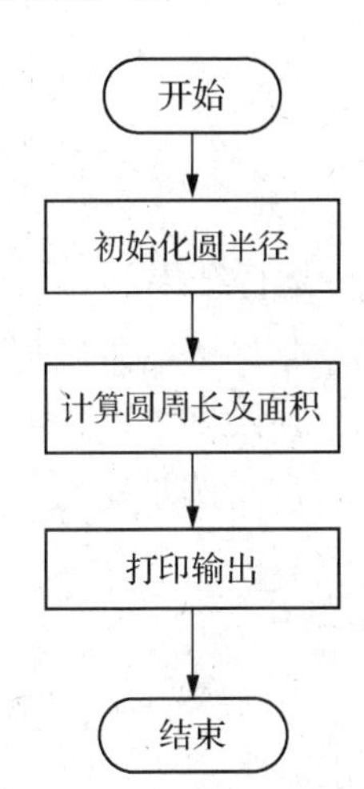

图 8-1　求解圆周及圆面积

数据需求

问题输入

```
r                    /* 表示圆的半径 */
```

问题输出

```
circ                 /* 存放圆的周长 */
area                 /* 存放圆的面积 */
```

设　计

下面,采用公式表达算法来解题。

分别用 2.0 * PI * r 和 PI * r * r 来表达圆周长及圆面积。

算 法

1. 读取待求圆半径。
2. 计算圆周长及面积。
3. 输出计算结果。

实 现

下面是完整程序。

```
/*
求解圆周长及面积的程序
*/
#include  <stdio.h>                     /*预处理,头文件对printf,scanf函
                                          数的声明*/
#define  PI  3.14159                   /*定义符号常量PI*/
double  circ(double  r)
{return  (2.0*PI*r);
}
double  area(double  r)
{return  (PI*r*r);
}
main()
{
double  r;                             /*定义双精度型变量r */
printf("请输入待求圆形花坛的半径:");    /*输入某校园圆形花坛的半径*/
scanf(" %lf\n",r);
printf("所求圆形花坛的圆周长%.4f= circ \n", circ(r) );
                                                     /*所求圆的周长*/
printf("所求圆形花坛的圆面积%.4f= area \n", area(r) );
                                                     /*所求圆的面积*/
}
```

运行结果:

```
请输入待求圆形花坛的半径: 1.0↙
所求圆形花坛的圆周长= 6.2832
所求圆形花坛的圆面积= 3.1416
```

测 试

为了验证其正确性,可多次输入几组不同的值,观察比较结果值与理论值,从而便知道其正确性了。

8.2　宏定义

在C语言程序源程序中用一个标识符来表示一个字符串，称为“宏”，被定义的宏的标识符则称为“宏名”，C语言程序的宏定义可分为两种形式，带参数的宏定义与不带参数的宏定义。

8.2.1　无参宏

无参宏是用一个简单的名字代替一个长的字符串，一般定义格式为：

```
#define 符号常量名　字符串
```

其中符号常量名称为宏名，习惯上用大写字母表示，常量名与所对应的字符串间用空格符隔开，在程序中，凡出现符号常量名的地方，经编译预处理后就都被替换为它所对应的字符串，即所谓的宏展开。

注意：以“#”开头的这类语句行末尾不用“;”，宏名的有效范围为定义命令之后到本源文件结束，但可用#undef命令来终止宏定义的作用域。

例8-1　无参宏应用举例。

```
#include <stdio.h>
#define  R  3.0
#define  PI  3.1415926
#define  L  2*PI*R
#define  S  PI*R*R
main()
{
 printf("L=%f\nS=%f\n",L,S);
}
```

程序运行结果为：

```
L=18.849556
S=28.274333
```

8.2.2　带参宏

除简单的宏定义(即不带参的宏)外，C语言程序预处理还允许带参数的宏定义，进行预处理时不仅对定义的宏名进行替换，而且还进行参数替换，定义的一般格式为：

```
#define 宏名(参数表)　字符串
```

其中，字符串中应该包含在参数表中所指定的参数。

注意：使用宏定义所带的实参可以是常量、已被赋值的变量或表达式，一个宏定义所带参数可以多于一个，使用带参宏编程时，应注意在宏定义中宏名和左括号间没有空格，另外带参宏还允许宏定义嵌套。

例 8-2 带参宏应用举例。

```
#include <stdio.h>
#define PI 3.1415926
#define CIRCLE(R,V) V=4.0/3.0*PI*R*R
main()
{float r,v;
scanf("%f",&r);
CIRCLE(r,v);
 printf("r=%6.2f,v=%6.2f\n",r,v);
}
```

程序运行结果为：

```
3.5↙
r=3.50,v=179.59
```

8.2.3 终止宏定义

宏命令#undef 用于终止宏定义的作用域，一般形式为：

```
#undefine 宏名
```

例如：

```
#define G 9.8
main()
{
.....                        /*G的有效范围是从定义开始到#undef G止 */
}
#undef G
f1()
{
......
}
```

8.3 文件包含命令

所谓文件包含预处理是指在一个文件中将另外一个文件的全部内容包含进来的处理过程，即将另外的文件包含到本文件中。C 语言程序编译预处理命令#include 实现包含操作，一般形式为：

```
#include <文件名>或 #include "文件名"
```

其中,文件名是指要包含进来的文本文件的名称,也称为头文件或编译预处理文件。

注意:<文件名>表示直接到指定的标准包含文件目录中去寻找文件,而"文件名"则表示在当前目录中去寻找,当找不到时再到标准包含文件目录中去寻找。

例如,在 file1.c 文件中有如下内容:

```
int    a,b,c;
float  x,y,z;
char  m,n,p;
```

file2.c 文件内容如下:

```
#include  "file1.c"
main()
{……}
```

则对 file2.c 文件进行编译处理时,在编译处理阶段将对其中的 #include 命令进行"文件包含"处理,将 file1.c 文件中的全部内容插入到 file2.c 文件中的 #include "file1.c"预处理语句处,也即是将 file1.c 文件中的内容包含到 file2.c 文件中,经编译预处理后,file2.c 文件的内容为:

```
int    a,b,c;
float  x,y,z;
char  m,n,p;
main()
{……}
```

注意:当 #include 语句指定的文件中的内容发生改变时,包含文件的所有源文件都应重新进行编译处理,文件包含可以嵌套使用,即被包括的文件中还可使用 #include 语句,由 #include 语句指定文件中可包含内容为任何语言成分,通常为经常使用的具有公共性质的符号常量、带参数的宏定义及外部变量等集中起来放在这种文件中,这样可避免一些重复操作。

在大量的程序中 #include 命令,是在调用库函数中的文件,对于不同的库函数其功能是不一样的,表 8-1 是 C 语言程序中常用的标准头文件。

表 8-1　C 语言程序中的常用标准头文件

头文件名称	功　能
stdio.h	说明用于 I/O 的若干类型、宏和函数
math.h	说明若干数学函数和定义有关的宏
sting.h	支持字符串处理的函数
stdlib.h	定义宏和说明用于字符串转换,产生随机数,申请内存等函数
time.h	支持有关日期和时间的函数
assert.h	定义程序诊断宏命令
ctype.h	说明若干字符测试和映像用的函数
errno.h	定义有关出错状态的宏

（续表）

头文件名称	功　能
float. h	定义依赖于实现浮点类型的特征参数
local. h	支持地方特性函数和数字格式查询参数
setjmp. h	支持非局部转移
signal. h	用来处理信号
stdarg. h	用来对可变参数个数的函数作处理
stddef. h	定义某些公用函数和宏
limits. h	定义依赖于实现的整型量大小的限制

8.4　条件编译

一般情况源程序中所有的行都参加编译，但有时希望对其中一部分内容只有在满足一定条件下才进行编译，即是对一部分内容指定编译条件，这就是“条件编译”。适当使用条件编译将有助于程序的调试和移值。

条件编译分如下几种形式：

8.4.1　带＃if、＃else 和＃endif 标识的

定义的一般形式为：

```
＃ifdef　表达式
程序段 1
＃else　表达式
程序段 2
＃endif
```

其功能是当表达式值为真时，则执行程序段 1；否则执行程序段 2，其表达式必须是不整型常量表达式。

8.4.2　带＃ifdef 标识的

定义的一般形式为：

```
＃ifdef　宏名
程序段 1
＃else
程序段 2
＃endif
```

其功能是用来测试一个宏名是否被定义，若宏名被定义则编译程序段 1；否则编译程序段 2。

8.4.3　带＃ifndef 标识的

定义的一般形式为：

```
＃ifndef  宏名
程序段 1
＃else
程序段 2
＃endif
```

其功能是用来测试一个宏名是否曾被定义，若宏名未被定义则编译程序段 1；否则编译程序段 2。

例 8－3　从键盘输入 10 个整数，并依所设置的编译条件将其中的最大值或最小值显示出来。

```
#include <stdio.h>
#define  MFLAG  1
mai()
{
int  i,M;
int  array[10];
for (i=0;i<10;i++)
  scanf("%d",&array[i]);          /*键盘输入整数到数组 array 中*/
  M=array[0];                     /*将数组中第一个元素赋给 M*/
for (i=1;i<10;i++)
  { #if  MFLAG                    /*根据条件编译完成不同条件下的编译操作*/
/*当 M 为 1 时，/求 10 个数中的最大者，否则求最小者*/
  if (M<array[i])
    M=array[i];
  #else
    if(M>array[i])
      M=array[i];
  #endif
}
printf("M=%d",M);
}
```

8.5 小型案例

本案例是通过运用各种宏定义,从而加深对宏和常量的计算规则的把握。

问 题

对字符的操作,有时需要将字符的大小写进行切换,比如输入一组字符将它转换为大写形式输出或是以小写形式输出等。本例程中就是要求任意输入一行字母字符,根据需要设条件编译,使之能将字母全改为大写输出或小写输出。

分 析

可先设定一个常量,作为后续进行预处理的条件编译命令的条件选项,依不同的条件作相应的条件编译。

数据需求

问题输入

LETTER /* 作为存放字母字符的常量标识 */

str[] /* 一个字符串数组 */

问题输出

转换后的字母符号

相关计算公式

小写字母 - 32==大写字母

设 计

算法

1. 读取字符串数组的各个字符。
2. 依 LETTER 标识条件,作相应的转换。
3. 用小写字母与大写字母间的差值为 32 进行计算转换。

实 现

以下是完整的程序。

```
/*
字符的大小写转换程序
*/
#define  LETTER  1
main()
{char  str[20] = "C language",c;
int  i;
```

```
i =0;
while ((c=str[i]) ! = '\0')
{i++;
 #if  LETTER
    if (c>='a'  && c<='z')
      c=c-32;
 #else
    if (c>='A'  && c<='Z')
      c=c+32;
#endif
printf(" %c",c);
}
}
```

运行结果：

```
C  LANGUAGE
```

测　试

当改变参数，设定条件编译 LETTER 为 0 值，即为假时，其输出结果为小写字母，否则为大写字母，即验证了程序的正确性。

8.6　小　　结

本章通过任务了解到宏定义的表达形式及用法，接着从各节中进一步了解到文件包含命令及条件编译的作用及用法，最后通过一个案例加深了对本部分内容的掌握。综述本章需要掌握的知识点有：

1. C 语言程序的宏定义的两种形式（#define 宏名(参数表)字符串(带参宏)、#define 符号常量名 字符串(无参宏)）。

2. 文件包含预处理命令（#include <文件名>或#include "文件名"）。

3. 条件编译预处理操作的形式及用法。

习　　题

一、选择题

1. 下列说法不正确的是（　　）。

A. 有参宏的参数不占用内存空间　　B. 宏定义可嵌套定义

C. 宏定义可递归定义　　D. 宏展开时，只作替换而不含计算过程

2. 下列预处理命令正确的是(　　)。

A. #include <stdio.h>;　　B. #define m(int x) x+3

C. #include <stdio.h>,<math.h>　　D. #define M 3

3. 以下程序的输出结果是(　　)。

```
#define  M(x,y,z)  x*y*z
main()
{int  a=1,b=2,c=3;
printf("%d\n",M(a+b,b+c,c+a);
}
```

A. 19　　B. 17　　C. 15　　D. 12

4. 以下程序的运行结果为(　　)。

```
#include<stdio.h>
#define  MOD(x,y)  x%y
main()
{int z,a=15,b=100;
z=MOD(b,a);
printf("%d",z++);}
```

A. 10　　B. 11　　C. 宏定义错　　D. 4

二、填空题

1. C语言程序提供的预处理功能中的宏定义可分为两种形式,分别是__________和__________。

2. 所谓文件包含预处理是指________,即是将另外的文件包含到本文件中。

3. 有表达式i=TWO*3,则对于以下宏定义其替代形式分别为________。

(1) #define　ONE 1
　　#define　TWO　ONE+ONE

(2) #define　ONE 1
　　#define　TWO　(ONE+ONE)

4. 以下程序的输出结果为________。

```
#include<stdio.h>
#define  N 2
#define  Y(n)(N+1 *n)
main()
{int z=Y(2*4);
printf("%d",z);}
```

三、编程题

1. 求一维数组中最大值的阶乘。

2. 用带参宏编写程序,从3个数中求最大数。

第9章　指　　针

指针是C语言中的重要概念,运用指针编程是C语言的重要特点。利用指针变量,可以存放各种类型变量的地址。正确而灵活地运用指针,能动态地分配内存,能方便地使用数组、字符串及函数。指针不仅是C语言的特色,也是学习的重点和难点。本章以一个具体案例入手,对指针、指针变量的定义等知识逐一进行讲述,并通过具体的例子引导读者进行应用。

9.1　任务9——利用指针变量完成税率的调整并打印前后结果

问　题

某市税务局根据国家税务总局的要求,向用户打印出该市纳税标准调整方案税率部分的对比表,具体要求如下:

1. 原有税率为0.5%的调整为0.535%;
2. 原有税率为0.4%的调整为0.425%;
3. 原有税率为0.3%的调整为0.315%。

作为税务局的软件维护人员,你将如何按照上级的部署来完成相应的任务呢?

分　析

解决这个问题的第1步是确定要干什么。我们要做的是写一个change()函数,然后调用这个函数,能通过这个函数改变主程序内保存的税率值。同时编写一个display()函数完成数据的打印。为了演示的方便性,我们只对该系统的部分功能进行描述和演示。

设　计

下面我们主要按如下步骤来完成该任务:

1. 编写change()函数;
2. 编写display()函数完成对更改之后的税率值进行显示;
3. 编写主函数完成对上述函数的调用。

实　现

以下是完整的程序。

```
/*
  完成对税率的改变
*/
#include <stdio.h>
void change(double *rate,int n)        /*定义调整税率的函数,第一个形参为指
                                         针变量*/
{
  int i;
  for(i=0;i<n;i++)
  {
   if(*rate==0.005)                    /*通过指针变量提取数组内的数据*/
     *rate=*rate+0.00035;
   if(*rate==0.004)
     *rate=*rate+0.00025;
   if(*rate==0.003)
     *rate=*rate+0.00015;
    rate++;                            /*指针变量的自动调整*/
  }
}
void display(double rate[],int n)      /*定义显示函数,第一个形参是数组*/
{
    int i;
   printf("各公司调整之后的税率为:\n");
    for(i=0;i<n;i++)
      {
      printf("第 %d 个公司的税率为:%5.3f%%;\n",i+1,*rate*100);
      rate++;
      }
}

void main()
{
    double rate[5]={0.005,0.004,0.005,0.003,0.003};
                                                /*用数组完成对税率的保持*/
    int i,n;
   void  (*file)(double rate[],int n);
                                       /*定义一个指向函数的指针变量file*/
   printf("各公司的原有税率为:\n");
    for(i=0;i<5;i++)
```

```
    printf("第 %d 个公司的税率为%3.1f%%;\n",i+1,rate[i]*100);
  change(rate,5);                              /*调用改变税率函数*/
  file=display;
  (*file)(rate,5);                               /*调用显示函数*/
}
```

运行结果为：

```
各公司的原有税率为:
第 1 个公司的税率为:0.5%;
第 2 个公司的税率为:0.4%;
第 3 个公司的税率为:0.5%;
第 4 个公司的税率为:0.3%;
第 5 个公司的税率为:0.3%。

各公司调整之后的税率为:
第 1 个公司的税率为:0.535%;
第 2 个公司的税率为:0.425%;
第 3 个公司的税率为:0.535%;
第 4 个公司的税率为:0.315%;
第 5 个公司的税率为:0.315%。
```

9.2　指针变量

为了掌握指针的基本概念，必须先了解内存的地址、指针、对变量的直接访问和间接访问之间的关系。

一般来说，程序中的变量经过编译系统处理之后都对应着内存单元中的一个地址，也就是说，编译系统根据变量的类型，为其分配相应的存储单元，以便存放变量的内容。不同数据类型的变量所分配的内存单元的长度是不一样的。一般而言，字符变量占 1 个字节，整型变量占 2 个字节，浮点型占 4 个字节。对一般的变量存取是通过变量的地址来进行的。这种按变量的地址来存取变量值的方式称为直接访问方式。

在 C 语言中，除了可以定义整型、字符型等基本变量，还可以定义该数据类型的另外一种变量，这种变量专门用来存放相同类型基本变量在内存中所分配存储单元的首地址。

如图 9-1 所示，我们用变量 px 存放 x 变量所占用存储单元的首地址，即将 x 的首地址以某种方式赋给 px 变量，如果想通过 px 来得到 x 的内容，可以按下面两步来完成。

1. 根据变量 px 所占用内存单元的首地址，读取其中所存放的数据，该数据就是变量 x 所占用的内存单元的首地址。

2. 根据第一步读取的地址以及变量所占用的存储单元的长度，读取变量 x 的值。

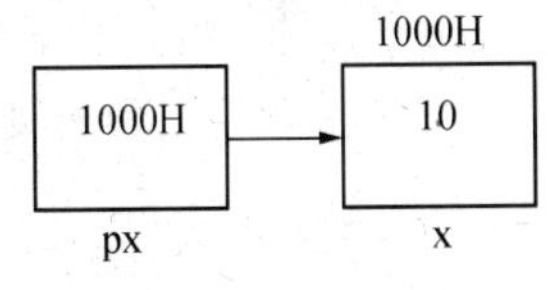

图 9-1　间接访问

上述存取 x 变量值的方式称为间接访问方式。

借助指针这一概念可以方便地达到间接访问的目的。所谓指针，即某个变量所占用的存储单元的首地址，即指针是内存的别名。而指针变量是专门用来存放某种变量的首地址的变量。

9.2.1 指针变量的定义

对指针变量的定义包含两方面的内容：

1. 类型说明符：表示该指针指向变量的类型；
2. 指针变量名：存放地址的变量名(须满足C语言命名规范)；

*表示定义的是指针变量，其一般形式为：

```
类型说明符  *变量名;
```

例如：

```
int *p1;
```

表示p1是一个指针变量，它的值是某个整型变量的地址。或者说p1指向一个整型变量。至于p1究竟指向哪一个整型变量，应由向p1赋予的地址来决定。

再如：

```
int *p2;                    /*p2是指向整型变量的指针变量*/
float *p3;                  /*p3是指向浮点变量的指针变量*/
char *p4;                   /*p4是指向字符变量的指针变量*/
```

注意：一个指针变量只能指向同类型的变量，如p3只能指向浮点变量，不能时而指向一个浮点型变量，时而指向一个字符型变量。

9.2.2 指针变量的引用

C语言提供了两个与地址(指针)有关的运算符，即取变量地址运算符“&”和间接访问运算符“*”。

“&”是取地址运算符，它的作用是取得一个变量在内存单元的首地址。

“*”是间接访问运算符，它的作用是取指针变量所指内存单元的值。

1. 普通变量的地址赋给指针变量

```
int  x=10, *p;
float y=20, *q;
char z='A', *k;
p=&x ;                 /*整形变量的地址赋给整形指针变量*/
q=&y ;                 /*单精度变量的地址赋给单精度指针变量*/
k=&z ;                 /*字符型变量的地址赋给字符型指针变量*/
```

2. 相同类型指针变量之间赋值

```
float x=12.5 , *p , *q ;
p=&x;
q=p ;          /*p和q指针变量的值相同,即都指向x变量,其类型一致*/
```

3. 通过指针变量取内存单元的值

```
float x=12.5 , *p ,y ;
p=&x;
y= *p+5;      /*先通过*p取出x在内存单元的值,然后加5再赋给y变量*/
```

4. 指针变量赋空值

```
int  *p;
p=NULL;       /*表示指针变量不执行任何内存单元*/
```

例9-1 通过指针变量访问简单变量。

```
#include  <stdio.h>
main( )
{
/*定义相同类型的基本变量和指针变量*/
int  x, *p1;
float  y, *p2;
double z, *p3;
char  w, *p4;
x=20;  y=20.5;
z=25.5;  w='A';
printf("x=%d\n",x);
printf("y=%f\n",y);
printf("z=%f\n",z);
printf("w=%c\n",w);
/*不同指针变量的赋值*/
p1=&x;  p2=&y;
p3=&z;  p4=&w;
printf("x=%d,*p1=%d\n",x, *p1);
printf("y=%f,*p2=%f\n",y, *p2);
printf("z=%f,*p3=%f\n",z, *p3);
printf("w=%c,*p4=%c\n",w, *p4);
}
```

运行结果为:

```
x=20
y=20.500000
z=25.500000
w=A
x=20,*p1=20
y=20.50000,*p2=20.50000
```

```
z=25.50000, * p3=25.50000
w=A, * p4=A
```

例 9-2 从键盘输入两个整型变量,按由小到大的顺序输出。

```
#include  <stdio.h>
main( )
{
 int * pointer1, * pointer2, * temp,  x, y;     /* temp为临时指针变量 */
 printf("请输入x和y的值:");
 scanf("%d,%d",&x,&y);
 pointer1=&x; pointer2=&y;                    /* 指针变量的赋值 */
 if( * pointer1> * pointer2)              /* 根据条件交换指针变量的值 */
 {
 temp=pointer1;
 pointer1=pointer2;
 pointer2=temp;
 }
 printf("\nx=%d,y=%d\n", x, y);
 printf("\nmin=%d,max=%d\n", * pointer1, * pointer2);
                                          /* 打印指针所指向的值 */
}
```

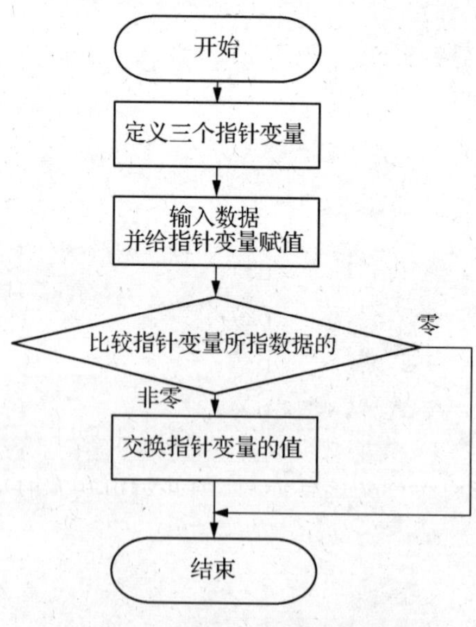

图 9-2 例 9-2 程序流程图

运行示例:

```
请输入x和y的值:
25,30↙
```

运行结果为：

```
x=25,y=30
min=25,max=30
```

9.2.3 指针变量的运算

指针变量存储的是内存单元的地址，每个内存单元都有唯一的地址与之对应，它是一个常量。因此指针可以进行相应的运算，但只能进行赋值运算和部分算术运算和关系运算。

1. 指针运算符

(1) 取地址运算符 &：取地址运算符 & 是单目运算符，其结合性为自右至左，其功能是取变量的地址。在 scanf 函数及前面介绍指针变量赋值中，我们已经了解并使用了 & 运算符。

(2) 取值运算符 *：取值运算符 * 是单目运算符，其结合性为自右至左，用来表示指针变量所指变量的值。在 * 运算符之后跟的变量必须是指针变量。

注意：指针运算符“*”和指针变量定义中的指针说明符“*”不是一回事。在指针变量定义中，“*”是类型说明符，表示其后的变量是指针类型。而表达式中出现的“*”则是一个运算符，用以表示指针变量所指的变量。

2. 指针变量的运算

(1) 赋值运算

指针变量的赋值运算有以下几种形式：

① 指针变量初始化赋值，前面已作介绍。

② 把一个变量的地址赋给指向相同数据类型的指针变量。

例如：

```
int a, * pa;
pa=&a;                    /* 把整型变量 a 内存单元的地址赋给整型指针变量 pa */
```

③ 把一个指针变量的值赋给相同类型另一个指针变量。

例如：

```
int a, * pa=&a, * pb;
pb=pa;                        /* 把 a 的地址赋给指针变量 pb */
```

由于 pa,pb 均为指向整型变量的指针变量，因此可以相互赋值。

④ 把数组的首地址赋给指向数组的指针变量。

例如：

```
int a[5], * pa;
pa=a;             /* 数组名表示数组的首地址，故可赋给指向数组的指针变量 pa */
```

也可写为：

```
pa=&a[0];     /* 数组第一个元素的地址也是整个数组的首地址，也可赋给 pa */
```

当然也可采取初始化赋值的方法：

```
int a[5], * pa=a;
```

⑤ 把字符串的首地址赋给指向字符类型的指针变量。

例如：

```
char * pc;
pc= "C Language";
```

或用初始化赋值的方法写为：

```
char * pc="C Language";
```

这里应说明的是并不是把整个字符串赋给指针变量，而是把存放该字符串的字符数组的首地址赋给指针变量。该方面的知识在后面还将详细介绍。

⑥ 把函数的入口地址赋予指向函数的指针变量。

例如：

```
void fun(int x);
int ( * pf)();
pf=fun;                          /* fun 为函数名 */
```

例 9-3 指针变量的赋值运算程序。

```
#include <stdio.h>
#include <string.h>
main()
{
  int  x=110;
  int   * p, * q;
  char  s[10]= "welcome";
  char   * s1;
  p=&x;
  q=p;
  s1=s;
  printf("x= %d, * p= %d, * q= %d\n",x, * p, * q);
  printf("s= %s, * s1= %s\n",s,s1);
}
```

运行结果为：

```
x=110, * p=110, * q=110
s=welcome, * s1=wemcome
```

(2) 指针变量与整数的加减运算

C语言的地址运算规则规定，一个地址量可以加上或减去一个整数N，其结果仍是一个地址量，它是以运算数的地址量为基点的前方或后方的第N个数据的地址。

例 9-4 指针的加减运算程序。

```
#include  <stdio.h>
main( )
```

```
{
float a[10]={1,2,3,4,5,6,7,8,9,10};
float *p, *q;
p=a;
q=&a[9];
printf("结果为= %f", *(p+4));          /*指针变量可以和一个整数相加*/
printf("结果为= %f", *(q-4));          /*指针变量可以和一个整数相减*/
}
```

运行结果为:

```
结果为=5.000000
结果为=6.000000
```

(3) 指针变量的自加和自减运算

当指针指向一串连续的存储单元时,可以对指针进行自加和自减运算,这种操作称为指针的移动。例如:p++,或-- p;都可以使指针移动。指针移动后,指针不应超出数组元素的范围。

(4) 指针变量之间的相减运算

指针不允许进行乘除运算。对指向同一连续的存储单元时,允许两个指针变量之间进行相减,相减的结果是两个指针之间数据元素的个数。

例 9-5 指针变量之间的自加运算程序。

```
#include  <stdio.h>
main( )
{
 char  s[]="welcome to china";
 char  *p, *q;
 int  len;
 p=s;
 q=s;
 while( *q! = '\0')  /*循环条件为指针没有指向字符串尾部时循环继续执行*/
    q++;
 len=q-p;          /*通过指向字符串首位的指针变量相减得到字符串的长度*/
 printf("len= %d\n",len);
}
```

运行结果为:

```
len=16
```

例 9-6 利用不同方式输出数组的10个元素。

```
#include  <stdio.h>
main()
{
```

```
  int *p, i, a[10];
  for( i=0; i<10; i++)
    scanf("%d",&a[i]);
  for(i=0; i<10;i++)          /*利用数组元素输出数组的元素 */
    printf("%3d",a[i]);
  printf("\n");
  for( p=a ;p<a+10; p++)  /*利用指针变量的自加输出数组的元素 */
    printf("%3d",*p);
  p=a;                        /*该处的p一定要重新赋值 */
  printf("\n");
  for( i=0; i<10;i++)         /*利用指针变量和整数的相加输出数组元素 */
    printf("%3d", *(p+i));
}
```

运行示例：

```
1 2 3 4 5 6 7 8 9 10↙
```

运行结果为：

```
1 2 3 4 5 6 7 8 9 10
1 2 3 4 5 6 7 8 9 10
1 2 3 4 5 6 7 8 9 10
```

注意：

(1) 用p++使p的值不断改变，这是合法的，如果不用p而企图使a变化(例如a++)是错误的。如将上述程序的第3个for循环改为：

```
for( p=a; a<p+10; a++)
printf("&d ",*a);
```

将出现语法错误。因为a是数组名，它是数组的首地址，是常量，不能改变。

(2) 要注意指针变量的当前值。如果没有在第4个for循环之前对指针变量p重新赋值，程序在执行过程中会出错，这是因为第一个for循环已经让指针变量p指向了数组的最后一个元素，如果在运行第二个for循环时没有重新赋值，继续做p++就超出了范围。应该在第二个for循环之前做p=a的赋值运算。

(5) 注意指针变量的运算

如果先使p指向数组a(即p=a)，则：

① p++(或++p)：p指向下一个元素a[1]，若再执行*p，取出元素a[1]的值。

② *p++：由于++和*同优先级，是自右至左的结合方向，因此它等价于*(p++)。作用是先得到p的指向的变量的值(*p)，然后再使p+1=>p。

③ *(p++)与*(++p)的作用不同：前者是先取*p值，然后是p移动，后者是先使p移动，再取*p的值。

④ (*p)++：表示p所指向的元素值加1。

⑤ *(p--)相当于a[i--]：先取p值做"*"运算，再使p自减。

⑥ *(++p)相当于a[++i]：先是p自加，再做"*"运算。

⑦ *(-- p)相当于 a[-- i]:先使 p 自减,再做"*"运算。

例 9-7 通过与数组的结合演示指针变量的运算。

```
#include  <stdio.h>
main( )
{
 int a[10]={1,2,3,4,5,6,7,8,9,10};
 int *p1, *p2, *p3, *p4, *p5, *p6;
 p1=a;
 printf("*p=%d\n", *p1);
 p1++;
 printf("*p=%d\n\n", *p1);
 p2=p3=&a[5];
 printf("*p2=%d\n", *p2++);
 printf("*p3=%d\n\n", *(p3++));
 p4=p5=&a[8];
 printf("*p4=%d\n", *(p4++));
 printf("*p5=%d\n\n", *(++p5));
 p6=&a[9];
 printf("*p6=%d\n",(*p)++);
 }
```

运行结果为:

```
*p1=1
*p2=1

*p2=6
*p3=6

*p4=9
*p5=10

*p6=10
```

9.3 指针与数组

C语言中的每个变量都有地址,一个数组包含若干个变量,每个数组元素都存放在相应的内存单元中,它们都有相应的地址。指针变量既然可以指向指针变量,当然也可以指向数组和数组元素(把数组的首地址或某一数组元素的地址放到一个指针变量中)。所谓数组的指针是指数组的首地址,即第一个数组元素的地址,数组元素的指针是相应数组元素的地址。

9.3.1 指针与一维数组

1. 一维数组的地址赋给指针变量

C语言规定数组名代表数组的首地址，也就是第一个元素的地址。因此用指针变量指向一维数组时有两种形式完成赋值：

```
int a[5]={1,2,3,4,5};
int *p, *q, *k;
p=a;                    /*通过数组名a把数组的首地址赋给指针变量p */
q=&a[0];                /*通过&运算符取数组元素的地址赋给指针变量p */
```

说明：上面的两种形式是等价的，但不能写成 p=&a。

2. 通过指针变量引用一维数组的元素

(1) 数组元素有两种表示方法：

```
下标法：a[i], p[i]              均表示a数组的第i个元素
指针法：*(p+i), *(a+i)          均表示a数组的第i个元素
```

(2) p+i,a+i,&a[i]均表示a数组的第i个元素。

(3) *(p+i), *(a+i),a[i]均表示a数组的第i个元素。

例9-8 使用指针法、下标法求数组的最大元素和最小元素。

```
#include  <stdio.h>
main( )
{
  int a[10];
  int  i, *p,min,max;
  for(i=0; i<10;i++)
     scanf("%3d",&a[i]);
  min=a[0];
  max=a[0];
  printf("\n");
  for(i=0;i<10;i++)
    if(min>a[i])
      min=a[i];
  p=a;
  for( ; p<a+10; p++)
    if(max<*p)
        max=*p;
  printf("max=%d\n",max);
  printf("min=%d\n",min);
}
```

运行示例：

```
输入数据 1 2 3 4 5 6 7 8 9 10↙
```

运行结果：

```
max=10
min=1
```

9.3.2 指针与二维数组

有了一维数组指针的概念之后，理解二维数组的指针就不太困难了。

设已定义一个二维数组 a：

```
int a[3][4]={{1,2,3,4},{5,6,7,8},{9,10,11,12}};
```

设数组 a 的首地址为 1000，各下标变量的首地址及其值如图 9-3 所示。

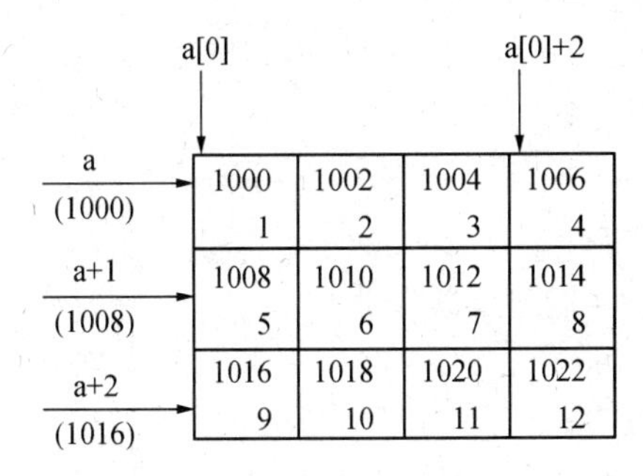

图 9-3 二维数组在内存中的表示形式

二维数组元素与指针的对应关系：

1. a 是二维数组名，是二维数组的首地址（设地址是 1000），也可以说 a 指向 a 数组的第 1 行，即 a 也是第 1 行的首地址。

2. a+1 是数组 a 第 2 行首地址，或者说 a+1 指向第 2 行（地址为 1008）。

3. a[0]，a[1]，a[2]分别是数组 a 中三个一维数组（即三行）的名字，它们也是地址（分别是 1 行（1000），2 行（1008），3 行（1016）。

4. a[i]+j 是 i 行 j 列元素的地址，*(a[i]+j)是 i+1 行 j+1 列元素的值。

5. a[i]与 *(a+i)无条件等价，这两种写法可以互换。

6. a[i][j]，*(a[i]+j)，*(*(a+i)+j)都是第 i+1 行 j+1 列元素的值。

7. 定义指针变量指向二维数组有两种形式，分别为：

(1) 行指针：行指针指的是二维数组的行地址。

```
int  a[3][4]={{1,2,3,4},{5,6,7,8},{9,10,11,12}};
int  (*p)[4];
p=a+1;                /*把第 2 行的地址赋给指针变量 p*/
```

(2) 列指针：列指针指的是二维数组的列地址。

```
int a[3][4]={{1,2,3,4},{5,6,7,8},{9,10,11,12}};
int  *p;
```

```
p=&a[1][2];            /*把第2行3列的地址赋给指针变量p*/
```

例9-9 利用二维数组名显示数组的元素的地址。

```
#include  <stdio.h>
main()
{
 int a[3][4]={0,1,2,3,4,5,6,7,8,9,10,11};
 printf("%xd,",a);
 printf("%xd,",*a);
 printf("%xd,",a[0]);
 printf("%xd,",&a[0]);
 printf("%xd\n\n",&a[0][0]);
 printf("%xd,",a+1);
 printf("%xd,",*(a+1));
 printf("%xd,",a[1]);
 printf("%xd,",&a[1]);
 printf("%xd\n\n",&a[1][0]);
 printf("%xd,",a+2);
 printf("%xd,",*(a+2));
 printf("%xd,",a[2]);
 printf("%xd,",&a[2]);
 printf("%xd\n\n",&a[2][0]);
 printf("%xd,",a[1]+1);
 printf("%xd\n\n",*(a+1)+1);
}
```

运行结果(参考):

```
ff9cd, ff9cd, ff9cd, ff9cd, ff9cd


ffa4d,ffa4d,ffa4d,ffa4d,ffa4d


ffacd,ffacd,ffacd,ffacd,ffacd


ffa6d,ffa6d
```

例9-10 利用指向二维数组的指针变量访问数组的元素。

```
#include <stdio.h>
 main( )
 {
  int a[3][4]={{1,2,3,4},{5,6,7,8},{9,10,11,12}};
  int *p1, (*p2)[4];
```

```
  int  i, j;
  p1=&a[0][0];                    /* 列指针赋值 */
  p2=a;                           /* 行指针赋值 */
  printf("使用数组下标格式输出数组数据:\n");
  for(i=0; i<=2; i++)
  {
    for(j=0; j<=3; j++)
      printf(" %3d",a[i][j]);
    printf("\n");
  }
  printf("使用列指针访问数组元素输出数据:\n");
  for(i=0; i<=2; i++)
  {
    for(j=0; j<=3; j++)
    printf(" %3d", *( *(a+i)+j) );
    printf("\n"); }
  printf("使用行指针访问数组元素输出数据:\n");
  for(i=0; i<=2; i++)
  {
    for(j=0; j<=3; j++)
      printf(" %3d", *(p2[i]+j));
    printf("\n"); }
  printf("使用列指针访问数组元素输出数据:\n");
  for(i=0; i<=2; i++)
  {
    for(j=0; j<=3; j++)
      printf(" %4d", *p1++);
    printf("\n");
  }
}
```

运行结果：

使用数组下标格式输出数组数据：

```
1  2  3  4
5  6  7  8
9  10  11  12
```

使用列指针访问数组元素输出数据：

```
1  2  3  4
5  6  7  8
9  10  11  12
```

使用行指针访问数组元素输出数据：

```
1  2  3  4
5  6  7  8
9  10  11  12
```

使用列指针访问数组元素输出数据：

```
1  2  3  4
5  6  7  8
9  10  11  12
```

9.3.3 指针数组

一个数组，其元素均为指针类型数据，则称为指针数组，也就是说，指针数组中的每一个元素都是指针（相应变量的地址）。

1. 指针数组定义的一般形式

```
类型标识符  *数组名[数组长度];
```

如：

```
int *p[4];  /*可以存放4个指向整型数据的指针*/
```

2. 指针数组的赋值

例如：

```
int x=10,y=20,z=30;
int *p[3]={&x,&y,&z};
```

例如：

```
char str1[ ]= "follow",str2[ ]="QBASIC",str3[ ]= "Great",str4[ ]=
"FORTRAN";
char *str[ ]={str1,str2,str3,str4};
```

也可以写成：

```
char *str[ ]={ "follow","QBASIC","Great","FORTRAN"};
```

例9-11 在五个字符串中，找出最大者，并用下标为0的指针数组元素指向它。

```
#include <stdio.h>
#include <string.h>
main( )
{
 int i, k;
 char *temp, *str[ ]= { "follow","QBASIC","Great","FORTRAN"};
 k=0;
 for(i=1;i<4;i++)
```

```
  if(strcmp(str[k],str[i])<0)
   k=i;
 if(k! =0)
 {
  temp=str[0];
  str[0]=str[k];
  str[k]=str[0];
 }
 printf("The largest string is:\n%s\n",str[0]);
}
```

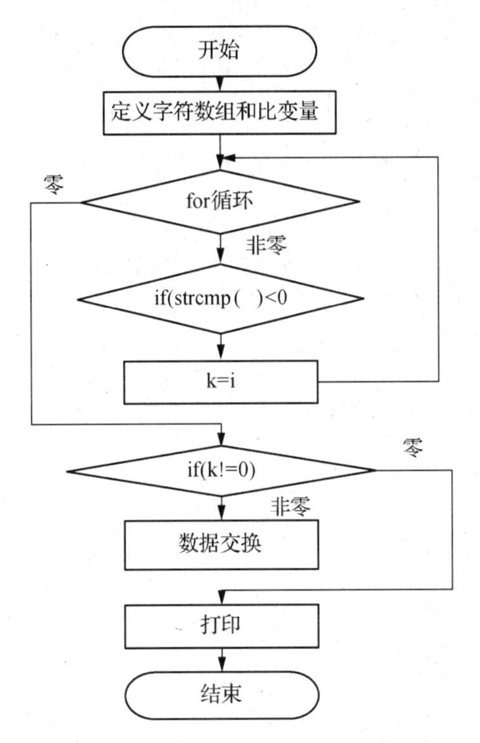

图 9-4　例 9-11 的程序流程图

运行结果为：

```
The largest string is:
follow
```

例 9-12　例 9-11 程序的功能用一个二维数组也可以完成。

```
#include <stdio.h>
#include <string.h>
main( )
{
  int i, k;
  char  str[4][20]= { "follow", "QBASIC", "Great","FORTRAN"};
```

```
  k=0;
  for(i=1;i<4;i++)
    if(strcmp(str[k],str[i])<0)
      k=i;
  printf("The largest string is:\n%s\n",str[k]);
}
```

运行结果为:

```
The largest string is:
Follow
```

在C语言中,定义指针数组的原因主要是指针数组对处理字符串提供了更多的方便,使用二维数组在处理长度不等的字符串时效率低。而使用指针数组时,由于其中每个元素都为指针变量,因此通过地址运算来操作是非常方便的。指针数组也和一般数组一样,由于指针数组的每个元素都是指针变量,它只能存放地址,所以对指向字符串的指针数组在赋初值时,是把存放在字符串的首地址赋给指针数组的对应元素。

9.4 指针与字符串

9.4.1 用字符数组存放一个字符串

例如:

```
char  string[ ]= "china";
```

说明:

1. string是数组名,代表数组的首地址。
2. string[i]代表数组的第i+1个元素。
3. string[i]等价于*(string+i)。

9.4.2 字符指针指向一个字符串

例如:

```
char *string="china";
```

注意:不是将字符串“china”赋给指针变量string,而是将字符串的首地址赋给string。

语句

```
char *string="china";
```

等价于

```
char *string;
sting="china";
```

例 9-13 将字符串 a 复制给字符串 b(用指针变量来处理)。

```
#include  <stdio.h>
main( )
{
  char a[ ]= "I LOVE CHINA",b[20], *p1, *p2;
  int i;
  p1=a;
  p2=b;
  while( *p1! = '\0')                /* 判断是否到字符串的结尾处 */
  {
    *p2= *p1;
    p1++;
    p2++;
  }
  *p2='\0';
  printf("String a is: %s\n",a);
  printf("String b is : %s\n",b);
}
```

运行结果:

```
String a is: I LOVE CHINA
String b is: I LOVE CHINA
```

说明:

1. C 语言中字符串常量是按字符数组处理的,它实际上是在内存开辟了一个字符数组空间,用来存放字符串常量。因此可以把字符数组赋给一个指针变量。

2. 在内存中,字符串最后被自动加了一个 '\0',在输出时能确定字符串的终止位置。

3. 逐个字符输入或输出,用 '\0' 格式符。

4. 将整个字符串一次输入或输出用 '\0' 格式符。

5. 如果数组长度大于字符串,也只输出到 '\0' 结束。

6. 如果一个字符串指针所指向的字符串或字符数组中包含一个以上 '\0',则遇到第一个 '\0' 时输出就结束。

例如:

```
char *string="boy\0girl";
printf("%s\n",string);
```

或

```
char string[ ]= "boy\0girl";
printf("%s\n",string);
```

打印的结果都为:boy

7. 通过字符数组或字符指针变量可以输出一个字符串,而对一个数值型数组,不能用数组名一次输出它的全部函数,而应该用循环一个一个地输出。

例 9-14　编写一个程序，将用户输入的由数字字符和非数字字符组成的字符串中的数字提取出来组成新的字符串。

```
#include <stdio.h>
#include <string.h>
#define  LEN  256
int getstring(char *s,int len)
{
    int c;
    char *p=s;
    printf("please input number: ");
    while(--len>0&&(c=getchar())!='\n')
        *s++=c;
    *s='\0';
    printf("s=%s\n",p);
    return s-p;
}
void main()
{
    char str1[80],str2[40],*strp;
    int n=0,j,a[50];
    getstring(str1,LEN);
    strp=str1;
    while(*strp!='\0')
    {
        j=0;
        while(*strp>'0'&&*strp<='9')
        {
            str2[j++]=*strp;
            strp++;
        }
        str2[j]='\0';
        if(j>0)
        printf("number=%s\n",str2);
        strp++;
    }
}
```

运行结果：

```
Abc123def456hik
number=123
```

```
number=456
```

9.4.3 字符数组和字符指针变量的区别

1. 字符数组由若干个元素组成,每个元素中放一个字符,而字符指针变量中存放的是地址(字符串第一个字符元素的地址)。

2. 字符串赋给字符指针变量。

语句

```
char *string="china";
```

等价于

```
char *string;
string="china";
```

上面第3条语句实际上是把字符串"china"在内存中的首地址赋给字符指针变量。

语句

```
char string[ ]= "china";
```

不等价于

```
char string[ ]=;
string[ ]= "china";  或 string="china";
```

因为string表示字符数组的首地址,是常量,不能在赋值符号的左端。

3. 字符数组在编译时为其分配存储单元,有确定的地址;字符指针分配的内存单元只能存放一个字符变量的地址,若没有赋值,则没有确定的指向。

例如:

```
char  string[20];
scanf("%s",sting);
```

是正确的。

而语句

```
char *p;
scanf("%s",p);
```

是错误的。因为字符指针没有指向任何存储空间,不能直接输入字符串。

应改成:

```
char string[20],*p;
p=string;
scanf("%s",p);
```

4. 指针变量的值可以改变,而数组名是常量,它的值是不能改变的。

例 9-15 字符串指针的应用。

```
#include  <stdio.h>
main( )
{
```

```
    char *string1="I LOVE CHINA! ";
    char *string2;
    string1=string1+8;
    printf("%s\n",string1);
    string2="I LOVE GAME";
    printf("%s\n",string2);
}
```

运行结果：

```
CHINA!
I LOVE CHINA
```

而如果程序改为：

```
main( )
{
    char string[ ]= "I LOVE CHINA! ";
    string=string+8;              /* 因为数组名代表数组的首地址，是固定
                                     常量，不能改变 */
    printf("%s\n",string);
}
```

运行程序会出错。

9.5 指针与函数

9.5.1 指向函数的指针

可以用指针变量指向整型变量、字符串、数组，也可以指向一个函数。一个函数在编译时被分配给一个入口地址(即函数所占内存空间的首地址)，这个入口地址也称为函数的指针。可以用一个指针变量存储这个地址(即指向这个函数)，然后通过该指针变量调用此函数。

1. 指向函数指针变量定义形式：

```
数据类型标识符  (*指针变量名)(类型  参数1,类型  参数2…);
```

2. 函数的调用可以通过函数名调用，也可以通过函数指针调用(即用指向函数的指针变量调用)。

3. (*p)(int ,int)表示定义一个指向函数的指针变量，它不是固定指向哪一个函数，而只是表示定义了这样一个类型的变量，它是专门用来存放函数的入口地址的。在程序中把哪个函数的地址赋给它，它就指向哪个函数。

4. 在给函数指针变量赋值时，只需给出函数名而不必给出参数。

如：

```
int max(int x,int y);
int ( * p)(int x,int y);                /* 定义一个指向函数的指针变量 */
p=max;
```

5. 用函数指针变量调用函数时，只需将(* p)代替函数名(p 为指针变量名)，在(* p)之后的括号中根据需要写上实参即可。

6. 对指向函数的指针变量，如 p+n,p++,p--等运算都是无意义的。

例 9-16　利用指向函数的指针完成对函数的调用。

```
#include  <stdio.h>
int max(int x, int y)
{
    int z;
    z=(x>y)? x:y;
    return z;
}
int min(int x,int y)
{
    int z;
    z=(x<y)? x:y;
    return z;
}
main( )
{
    int ( * p)(int , int );
    int a, b, c;
    printf("请输入 x 和 y 变量的值:");
    scanf(" %d, %d",&a, &b);
    p=max;
    c=( * p)(a,b);
    printf("\nmax= %d\n",c);
    p=min;
    c=( * p)(a,b);
    printf("\nmin= %d\n",c);
}
```

运行结果：

```
请输入 x 和 y 变量的值:10,20 ↙
max=20
min=10
```

9.5.2 指针函数

一个函数不仅可以返回简单类型的数据，而且可以返回指针的数据(即地址)，返回值为指针的函数称为指针函数。

指针函数定义的一般形式：

```
类型标识符   *函数名(类型 参数1,类型 参数2…);
```

其中，类型标识符表示函数返回的指针所指向数据的类型，函数名前的"*"表示此函数的返回值为指针值。

例9-17 编写程序，求一维数组中的最大数。

```c
#include <stdio.h>
int *max(int a[],int n)
{
    int *p,i;
    for(p=a,i=1;i<n;i++)
    if(*p<a[i])
    p=a+i;
    return p;
}
main( )
{
    int a[10], *q, i;
    for(i=0;i<10;i++)
    scanf("%d",&a[i]);
    q=max(a,10);
    printf("\nmax=%d\n", *q);
}
```

运行结果：

```
输入数据 1 2 3 4 5 6 7 8 9 10↙
max=10
```

C语言中的许多库函数都是返回指针的函数。例如，查找字符函数 char *strchr(char *str,char ch)，其功能是在字符串 str 中找出第1个出现字符 ch 的位置。若找到，返回指向该位置的指针；若找不到，返回空指针。

9.5.3 指针变量作为函数的参数

函数的参数不仅可以是整型、实型、字符型等数据，还可以是指针变量，使用指针类型的变量作为函数的参数时，它所传递的是变量的地址，而不是变量的值。

例9-18 编写函数完成对一个整型数组各元素值的改变(奇数加10，偶数减10)。

```
#include <stdio.h>
void change(int *p,int n)
{
   int i;
   for(i=0;i<n;i++)
   {
      if(*p%2==1)
         *p=*p+10;
      else
          *p=*p-10;
      p++;
    }
}
main()
{
   int a[10]={10,11,12,13,14,15,16,17,18,19};
   int i;
   printf("原数组数据为：");
   for(i=0;i<10;i++)
   printf("%4d",a[i]);
   printf("\n");
   change(a,10);
   printf("奇数数据为：");
   for(i=0;i<10;i++)
   if(a[i]%2==1)
      printf("%4d",a[i]);
   printf("\n");
   printf("偶数数据为：");
   for(i=0;i<10;i++)
      if(a[i]%2==0)
   printf("%4d",a[i]);
}
```

运行结果：

```
原数组数据为:10 11 12 13 14 15 16 17 18 19
奇数数据为:21 23 25 27 29
偶数数据为:0  2  4  6  8
```

根据程序执行后的结果显示，根据形参类型的不同，函数被调用时，可以传递实参变量的值，也可以传递实参变量的地址。若向形参传递的是实参的值则称为值传递，若向形参传递的是实参的地址则称为地址传递。二者的主要区别为：

(1) 传递的数据对象不同。值传递的对象是要处理的数据，地址传递的对象是要处理的数据的地址。

(2) 返回数据的形式不同。值传递一般以函数的值形式返回函数处理后的结果，地址传递一般仍通过传递过来的地址返回结果。

(3) 适用的情况不同，当主函数与子函数之间传递的数据较多或较大时，可以采用地址传递；反之，当主函数与子函数之间传递的数据较少时，可以采用值传递。

9.5.4 数组名作为函数的参数

数组名可以用作函数的实参传递给形参。由于数组名是一个地址常量，对应的形参就应该是数组名或指向数组的指针变量，且该指针变量的类型必须与数组类型一致。

数组名作实参时，对应的函数首部可以写成如下三种形式。

1. fun (int * a);
2. fun (int a[10]);
3. fun (int a[ ]);

在后面两种形式中，虽然形参被声明为数组，但C编译程序将形参数组处理成和第一种形式一样的指针变量，因此a可以接受实参传递过来的数组的首地址。

例 9-19 有一个一维数组score内存放10个学生的成绩，求最好的成绩并打印。

```
void max (float * score)                /* 形参用指针变量的形式 */
{
    int i;
    float max= * score;
    for(i=0;i<10;i++ )
    {
        if(max< * score)
           max= * score;
        score++;
    }
    printf("max= %f",max);
}
main()
{
    float score[10]={60.5,76.0,90,80,78,76,56,88,99,73};
    max(score);          /* 数组名作函数的实参,实参也可以写成 &a[0] */
}
```

运行结果：

```
max=99.000000
```

例 9-20 已知一维数组中存放互不相同的10个整数，从键盘输入一个数，并从数组中删除与该值相同的元素中的值。

```
void del ( int a[10], int x)      /*数组名作函数的形参,形参也可以写成a[ ]*/
{
    int i, j;
    for (i=0;i<10;i++ )
       if(x==a[i])
          break;
    for (j=i; j<9; j++)
        a[j]=a[j+1];
}
main()
{
    int i, x, a[10]={1,5,2,6,8,3,78,45,66,88};
    for( i=0; i<10;i++)
        printf(" %3d",a[i]);
    printf("\n 请输入一个数据 x:\n");
    scanf(" %d",&x);
    del( a, x);                 /*数组名作函数的实参*/
    for (i=0; i<9;i++ )
        printf(" %3d",a[i]);
    printf ("\n");
}
```

运行结果:

```
1  5  2  6  8  3  78  45  66  88
请输入一个数据 x: 78↙
1  5  5  6  8  3  45  66  88
```

9.5.5 指向函数的指针作为函数的参数

当用函数的指针作为某函数的参数时,可以把该函数的入口地址传递给函数,以便调用该函数。当函数指针指向不同的函数时,在函数中就可以调用不同的函数,且不需要对函数体做任何修改。

指向函数的指针作为函数参数的一般形式

```
类型标识符  函数名( 类型标识符 ( * 函数名)(类型标识符 参数 1,类型标识符  参数 2,…),
类型标识符( * 函数名)(类型标识符 参数 1,类型标识符 参数 2,…), …);
```

例 9-21 输入两个整型数据,求 y=((x*y)-x/y));。

```
#include  <stdio.h>
int fun1(int x,int y)
{
```

```
    return x * y;
}
int fun2(int x, int y)
{
    return x/y;
}
main( )
{
    int x=20,y=10;
    int ( * a)(int x,int y),( * b)(int x,int y);
    a=fun1;
    b=fun2;
    printf("sub= % d\n",( * a)(x,y)-( * b)(x,y));
    getch();
}
```

运行结果：

```
sub=198
```

9.6 指向指针的指针变量

指针变量本身也是一种变量，同样要求在内存中分配相应的存储单元。如果另外设一个变量来存放一个指针变量在内存的地址，它本身也是一个指针变量，这种指向指针数据的指针变量就称为指向指针的指针变量。

指向指针的指针变量的定义形式为：

```
类型标识符    * * 指针变量名;
```

其中，类型标识符是最终所指对象的类型。

例如：

```
int   * * p;
```

表示变量 p 能存储一个指针变量的地址，而且该指针变量一定指向一个整型变量。

例如

```
int   * * p, * q, x=10,y,z;
q=&a;                      /* 存放的是指向整型变量 x 在内存中的地址 */
p=&q;                      /* 存放的是指针变量 q 在内存中的地址 */
y= * * p;                  /* 取出 x 变量在内存中的值再赋给变量 y */
z= * q;                    /* 取出 x 变量在内存中的值再赋给变量 */
```

说明：

1. 二级指针前面的“* *”表示定义的变量为二级指针，并不是运算符的功能。

2. 同类型的同级指针变量才能互相赋值。

例如：

```
int  x=10,*p,**q;
p=&a;     /*该形式是合法的*/
q=&p;     /*该形式是合法的*/
q=&x;     /*该形式是不合法的*/
```

例 9-22 二级指针与字符串的运算。

```
#include  <stdio.h>
main( )
{
   char *str[ ]={ "ENGLISH", "MATH", "MUSIC", "PHYSICS", "CHEMISTRY"};
   char **q;
   int num;
   q=str;
   for(num=0;num<5;num++)
      printf("%s\n",*(q++));
   getch();
}
```

运行结果：

```
ENGLISH
MATH
MUSIC
PHYSICS
CHEMISTRY
```

9.7 main()函数的形参和 void 指针

9.7.1 指针数组作为 main 函数的形参

在以往的程序中，main 函数的首部一般写成以下形式：

```
main( )                          /* 即主函数没有参数 */
```

实际上，main 函数是可以有参数的。

带参数的 main 函数头的形式可以写成两种形式，分别为：

```
main( int argc, int  *argv[ ])
```

或

```
main( int argc, int  **argv)
```

其中,argc 表示传给程序参数的个数,argv[ ]是指向字符串的指针数组。

下面介绍命令行参数的概念,所谓命令行参数是指在操作系统状态下所输入的命令和参数。以前所使用的 main( )函数都是无参的,这种无参主函数所生成的可执行文件,在执行时只需输入文件名,不需输入参数。而在实际应用中,经常希望在执行这些程序时,能够通过命令行向其提供所需的信息或参数。

带参数的命令行一般具有如下的形式:

```
命令名  参数 1,参数 2,……,参数 n
```

其中命令名和参数以及参数和参数之间都用空格隔开。

命令名是 main 函数所在的文件名,假设为有 file.c 文件,经编译运行形成 file.exe 文件,欲将两个字符串“china”、“nanjing”作为传送给 main 函数的参数,参数可以写为下面的形式:

```
file1  china  nanjing
```

实际上,文件名包括路径、盘符以及文件的扩展名,为了简化直接用 file1 来代表。

例 9-23 指针数组作主函数参数的应用(该文件保存为 shi9.23.c)。

```
#include  <stdio.h>
main(int argc, char *argv[] )
{
   while(argc>1)
   {
      ++ argv;
      printf(" %s\n", *argv);
      -- argc;
   }
}
```

输入命令行参数为:

```
Shi9.23  china  nanjing↙
```

则执行上述命令行将会输入以下信息:

```
china
nanjing
```

上面的程序也可以改为:

```
main(int argc, char *argv[ ])
{
       while(argc-- >1)
   printf(" %s\n", *++ argv);
}
```

其中,*++ argv 是先进行++ argv 运算,使 argv 指向下一个元素,然后进行 * 的运算,找到 argv 当前指向的字符串,输出该字符串。

注意:由命令行向程序中传递的参数都是以字符的形式出现的,要想获得其他类型的参数,比如数字参数,就必须在程序中进行相应的转换。

9.7.2 指向 void 的指针变量

void 关键字是用来说明一个函数不需要任何参数或者不返回任何值。其实，void 关键字也可以定义一个通用的指针变量，该指针变量可以指向任何一种数据类型，例如：

```
void  *p;
```

说明 p 是一个通用的指针变量，它可以指向任何一种数据类型。但还没有明确指出它到底指向什么指针类型。void 类型的指针变量最常见的用法是说明函数参数。如果指明函数的实参是 void 型的指针，那么可以实现一次传整型量，下一次传字符量等。这样就不会限定函数只接受一种数据类型的参数，而是可以接受任何类型的参数，这样程序的灵活性就大大提高了。

在将 void 指针类型的值赋给另外一个指针变量时要进行强制类型的转换，使之符合被赋值的变量的类型。

例如：

```
int  *p1;
void *p2;
….
p1=(int *)p2;
```

同样可以用(void *)p1 将 p1 的值转换为 void *类型。

如：p2=(void *)p1；

也可以将一个函数定义为 void *类型。

如：void *func(int a,int b)

表示函数 func 返回的是一个地址，它指向“空类型”。如需要引用此地址，也需要根据情况对之进行类型转换：

```
pa=(float *)func(a,b);
```

9.8 小型案例

问 题

某班上有 100 个学生参加英语、数学和计算机竞赛，编写程序，该程序的功能要求是求每门课程的最大值和每门课程的平均成绩并显示数据。

分 析

经过分析，该案例的数据存储采用二维数组 score[100][3]；

设计数据的输入函数 input( )；

设计数据的输出函数 output( )；

设计求每门课程的最大值函数 max( )；

设计程序的主函数 main( )；

实 现

```
#include <stdio.h>
void input(int (*pa)[3],int n)          /*输入学生成绩函数,采用行指针形式*/
{
    int i,j;
    for(i=0;i<n;i++)
     {
     printf("请输入第%d学生的成绩:\n",i);
     for(j=0;j<3;j++)
       scanf("%d",&pa[i][j]);
    }
}
void output(int *p,int n)               /*输入学生成绩函数,采用列指针形式*/
{
  int i,j;
  for(i=0;i<n;i++)
    {
    printf("\n");
        for(j=0;j<3;j++)
          printf("%d  ",*p++);
    }
}
int max(int *p,int n)
{
  int i;
  int tempmax=*p;
  for(i=0;i<n;i++)
    {
      if(tempmax<*p)
       tempmax=*p;
      p++;
    }
  return tempmax;
}
main()
{    int max(int *p,int n);
     int score[3][3];
```

```
    int i,j;
    input(score,3);
    output(&score[0][0],3);
    printf("max=%d\n",max(score[1],3));
}
```

9.9 小　结

本章主要讲述指针的相关知识。指针是变量在内存储中的地址。指针变量是存储地址的变量。不同类型变量的地址需用不同的指针变量来存储，它遵循类型一致的原则。指针变量可以分为基本数据类型的变量、指向指针的指针变量、指向函数的指针变量等。

指针变量作为函数参数，传递的是地址；数组名作为函数参数，传递的也是地址，但数组名是常量，而指针是变量。

指针可以指向字符串，指向字符串的指针也可以作为函数参数，此时传递字符串的首地址。指针函数就是返回值为指针的函数，它的返回值是地址。函数的指针是函数在内存中的入口地址，它是一个常量。

C语言规定，一个指针变量加(减)一个整数并不是简单地将指针变量的原值加(减)一个整数，而是将该指针变量的原值(是一个地址)和它指向的变量所占用的内存单元字节数相加(减)。

习　题

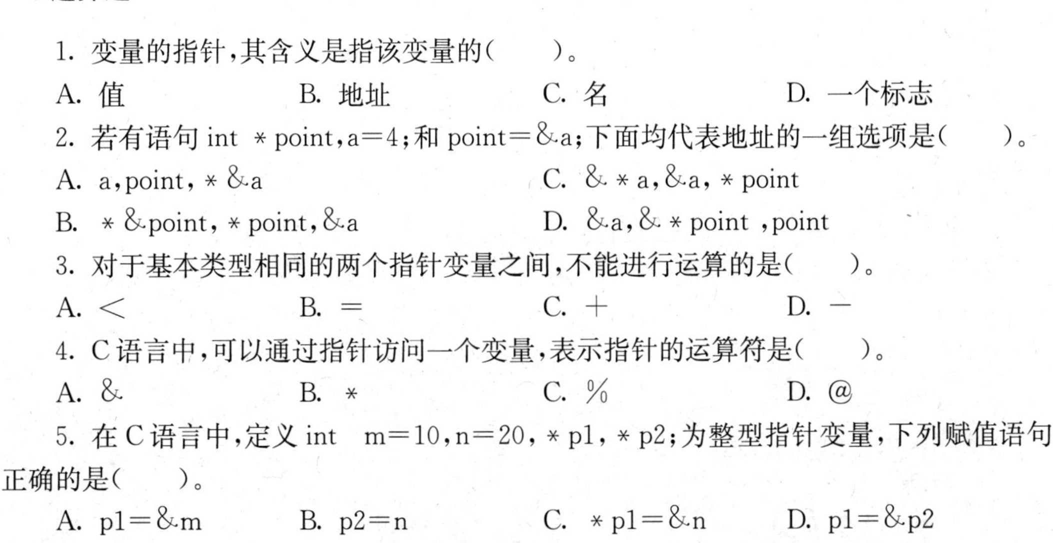

一、选择题

1. 变量的指针，其含义是指该变量的(　　)。

A. 值　　B. 地址　　C. 名　　D. 一个标志

2. 若有语句 int *point,a=4;和 point=&a;下面均代表地址的一组选项是(　　)。

A. a,point,*&a　　C. &*a,&a,*point

B. *&point,*point,&a　　D. &a,&*point ,point

3. 对于基本类型相同的两个指针变量之间，不能进行运算的是(　　)。

A. <　　B. =　　C. +　　D. -

4. C语言中，可以通过指针访问一个变量，表示指针的运算符是(　　)。

A. &　　B. *　　C. %　　D. @

5. 在C语言中，定义 int　m=10,n=20,*p1,*p2;为整型指针变量，下列赋值语句正确的是(　　)。

A. p1=&m　　B. p2=n　　C. *p1=&n　　D. p1=&p2

6. 以下程序的输出结果是(　　)。

```
#include  <stdio.h>
main()
{
    int  a[]={1,2,3,4,5,6,7,8,9,10};
    int  *p=a+5, *q;
    *q=*(p+3);
    printf("%d,%d", *p, *q);
}
```

A. 程序运行报错　　B. 6　6
C. 6　9　　D. 5　5

7. 以下程序的输出结果是(　　)。

```
#include  <stdio.h>
main( )
{
    char str[][20]={ "welcome", "wuhan"}, *p=str[0];
    printf("%d",strlen(p));
}
```

A. 6　　B. 7　　C. 8　　D. 9

8. 以下程序的输出结果是(　　)。

```
#include  <stdio.h>
main()
{
    char str[]="welcome to china! ", *p;
    p=str;
    printf("%s",p);
}
```

A. welcome　　B. WELCOME
C. welcome to　　D. welcome to china!

二、填空题

1. 以下程序的输出结果是__________________。

```
#include  <stdio.h>
main()
{
    char *week[]={"SUN", "MON", "TUE", "WED", "THU", "FRI", "SAT"};
    char **p;
    int  i;
    for(i=0;i<9;i++)
```

```
    printf(" %s",week[i]);
    for(i=0;i<8;i++)
    {
        p=week+i;
        printf(" %s " ,*p);
    }
}
```

2. 以下程序的输出结果是____________。

```
#include <stdio.h>
void fun(int *p,int *q)
{
   if(*p>*q)
      printf("answer= %d: ",*p);
    else
      printf("answer= %d",*q);
}
main( )
{
    int x=20,y=40;
    fun(&x,&y);
}
```

3. 以下程序的输出结果是____________。

```
#include <stdio.h>
int max(int a,int b)
{
   if(a>b)
   return a;
   else
   return b;
}
main()
{
   int max(int a,int b);
   int(*pmax)(int,int);
   int x,y,z;
   x=100;y=200;
   pmax=max;
   z=(*pmax)(x,y);
```

```
    printf("maxmum=%d",z);
}
```

4. 以下程序的输出结果是____________________。

```
#include <stdio.h>
#include <string.h>
void fun(char *w,int n)
{
    char t,*s1,*s2;
    s1=w;s2=w+n-1;
    while(s1<s2){
            t=*s1;  *s1=*s2;
            *s2=t;  s1++;
            s2--;
            }
}
main()
{
    char *p;
    p="1234567";
    fun(p,strlen(p));
    printf("%s\n",p);
}
```

5. 以下程序的输出结果是____________________。

```
#include <stdio.h>
int func(int a,int *p);
void main()
{
    int a=1,b=2,c=8;
    c=func(a,&b);
    b=func(c,&a);
    a=func(b,&c);
    printf("a=%d,b=%d,c=%d",a,b,c);
}
int func(int a,int *p)
{
    a++;
    *p=a+2;
    return (*p+a);
}
```

三、编程题

1. 设计一个程序,将 10 个整数按由小到大的次序排序,并输出。

2. 编写程序,将字符串中第 m 个字符开始连续 n 个字符复制到另一个字符串中。

3. 从键盘输入 10 个整数存入一维数组中,求出它们的和及平均值并输出(要求用指针访问数组元素)。

4. 编写交换两个变量值的函数,并调用该函数交换主函数中两个变量的值(不能使用全局变量传递数据)。

第 10 章　构造数据类型

一个程序包括对数据的描述(即数据结构)和对数据处理的描述(即计算机算法)。C 语言程序对数据的处理和操作是由 C 语句来实现的,而对数据的描述则主要体现了对数据类型的定义。C 语言程序的数据类型很丰富,除了基本数据类型外,还有更加复杂可自定义的数据类型。本章主要讲解在解决实际应用问题中会用到的结构体类型及共用体类型的相关基础知识及应用。

10.1　任务 10——输出一批学生的基本信息

问　题

有时需要编写一个函数 print 用来打印一批学生的成绩信息,定义一个学生成绩数组。假如在该数组中有 5 个学生的数据记录,每个记录又包括了每名学生的学号(num)、姓名(name)及三门课程的分数(score[3]),对于 5 个学生的记录则可调用主函数完成输入,然后再定义一个 print 函数完成对这些记录的输出。

分　析

数据需求

问题输入

```
struct student{
char num[6];
char name[8];
Int score[3];
}stu[N];                          /* 定义一个成绩数组用来表示学生的成绩信息 */
```

问题输出

编写 print 函数用以输出记录

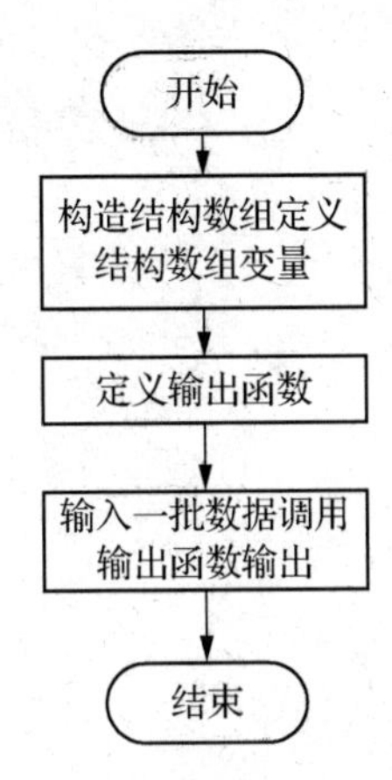

图 10-1　编写打印函数输出一批学生的信息

设　计

定义一个函数，采用结构数组作为函数参数，实现结构体变量作为函数参数的应用方法。

算　法

1. 先定义一个结构数组。
2. 再引用结构体数组完成一批学生的成绩信息的输入。
3. 最后运用结构数组作为函数参数，实现对这批信息的输出。

实　现

以下是完整程序。

```
/*编写一个函数 print，打印一个学生的成绩数组，该数组中有 5 个学生的数据记录，每个记录包括 num、name、score[3]，用主函数输入这些记录，用 print 函数输出这些记录。*/
#include <stdlib.h>
#include <stdio.h>
#define N 5
struct student{
char num[6];
char name[8];
int score[3];
}stu[N];
void print(struct student stu[])
{
    int i,j;
    printf("\nNo. Name Score1 Score2 Score3\n");
```

```
    for(i=0;i<N;i++)
    {
        printf("%-6s%-10s",stu[i].num,stu[i].name);
        for(j=0;j<3;j++)
        printf("%-8d",stu[i].score[j]);
        printf("\n");
    }
}
void main()
{
    int i,j;
    for(i=0;i<N;i++)
    {
        printf("num: ");
        scanf("%s",stu[i].num);
        printf("name: ");
        scanf("%s",stu[i].name);
        for(j=0;j<3;j++)
        {
            printf("score%d:",j+1);
            scanf("%d",&stu[i].score[j]);
        }
    }
print(stu);
}
```

运行结果：

```
num:1↙
name:a1↙
score1:66↙
score2:77↙
score3:88↙
num:2↙
name:b2↙
score1:67↙
score2:68↙
score3:69↙
num:3↙
name:c3↙
score1:78↙
```

```
score2:79↙
score3:80↙
num:4↙
name:d4↙
score1:90↙
score2:91↙
score3:92↙
num:5↙
name:e5↙
score1:80↙
score2:90↙
score3:100↙
```

输出结果：

```
NO.      name     score1     score2     score3
1        a1       66         77         88
2        b2       67         68         69
3        c3       78         79         80
4        d4       90         91         92
5        e5       80         90         100
```

测　试

为了验证其正确性，可多次输入几组不同的值，观察比较结果值与理论值，从而就可知道其正确性了。

10.2　结构体

10.2.1　结构体定义

前面的课程我们学习了一些简单数据类型（整型、实型、字符型）的定义和应用，还学习了数组（一维、二维）的定义和应用，从中我们认识到C语言程序的基本数据类型及数组这种构造数据类型，认识到构造数据结构作为一个整体在处理多个相关数据时非常方便，然而数组只能按顺序组织多个同类型的数据，在实际应用中往往会涉及一组不同类型的数据的问题。

例如通讯地址表、学生登记表、成绩表等，在通讯地址表中我们会写下姓名、邮编、邮箱地址、电话号码、E－mail等项目。这些表中集合了各种数据，因此不能用一个数组来存放这一组数。由于数组中各元素的类型和长度须是一致的，为了解决这个问题，C语言程序引入了一种新的构造数据类型即“结构体”。它相当于其他高级语言中的记录（record）。

假设程序中用到图10－2、图10－3、图10－4所示的数据结构，C语言程序中可由用户在程序中去定义这种类型，即构造一个结构体数据类型。

姓名 （字符串）	工作单位 （字符串）	家庭住址 （字符串）	邮编 （长整型）	电话号码 （字符串或长整形）	E-mail （字符串）

图10－2　通讯地址表各数据项

姓名 （字符串）	性别 （字符）	职业 （字符串）	年龄 （整型）	身份证号 （长整型或字符号）

图10－3　住宿登记表各数据项

班级 （字符串）	学号 （长整型）	姓名 （字符串）	操作系统 （实型）	数据结构 （实型）	数据库 （实型）

图10－4　成绩表各数据项

这些表格用C语言程序提供的结构体类型描述如下：

通讯地址表：

```
struct addr
{
    char name[20];
    char department[30];                /* 部门 */
    char address[30];                   /* 住址 */
    long box;                           /* 邮编 */
    long phone;                         /* 电话号码 */
    char email[30];                     /* E—mail */
};
```

住宿表：

```
struct accommod
{
    char name[20];                      /* 姓名 */
    char sex;                           /* 性别 */
    char job[40];                       /* 职业 */
    int age;                            /* 年龄 */
    long number;                        /* 身份证号码 */
}
```

成绩表：

```
struct score
{
    char grade[20];                     /* 班级 */
    long number;                        /* 学号 */
    char name[20];                      /* 姓名 */
```

```
    float os;                          /* 操作系统 */
    float datastru;                    /* 数据结构 */
    float compnet;                     /* 计算机网络 */
};
```

这一系列对不同登记表的数据结构的描述类型称为结构体类型。由于不同的问题有不同的数据成员，也就是说有不同描述的结构体类型。我们也可以理解为结构体类型根据所针对的问题其成员是不同的，可以有任意多的结构体类型描述。

“结构体”是一种构造数据类型，它是由若干“成员”所组成的，每个成员可以是一个基本数据类型，也可以是一个构造数据类型。结构体既然是一种“构造”而成的数据类型，就表明了它必须服从“先定义(先构造)，再使用”的原则。

下面给出 C 对结构体类型的定义形式：

```
struct 结构体名
{
成员项表列
};
```

有了结构体类型，我们就可以定义结构体类型变量，以对不同变量的各成员进行引用。

而成员项列表由若干个成员组成，每个成员都是该结构的一个组成部分，对每个成员也必须作类型说明，其形式为：

```
类型说明符    成员名;
```

结构体数据类型的特点：

(1) 结构体有关键字 struct 作为其标志；

(2) 结构体由若干个数据项组成，每个数据项都属于一种已有定义的类型；

(3) 结构体类型并非只有一种，而是成千上万种，不同于基本数据类型；

(4) 一个结构体的定义并不意味着系统为它分配内存空间来存放其数据项，因为所定义的只是一个数据类型，是不分配内存单元的，只有定义了结构体类型的变量，其变量才占据存储单元；

(5) 结构体类型可以嵌套定义，即允许结构体中的一个或多个成员是其他结构体类型的变量，如：

```
struct  worker{char name[20];
char sex;
int age;
float  wage;
struct  birthday{ int year;
int month;
int day;};
char *p_addr;
};
```

在结构体类型 worker 成员中又定义了描述一个工人出生年月的结构体类型 birthday。

注意：结构体的定义只是描述了该结构体的组织形式，结构体的说明不产生内存空间的分配，真正占有存储空间的是具有相应结构体类型的变量。

10.2.2　结构体变量

前面只是指定了一个结构体类型，它相当于一个模型，但其中并无具体数据，系统对它也不分配实际的内存单元。为了能在程序中使用结构体类型的数据，应当定义结构体类型的变量，并在其中存放具体的数据。可采取以下 3 种方法定义结构体类型的变量。

1. 先声明结构体类型再定义变量名

如前面已定义了一结构体类型 struct　student，可用它来定义变量。如下：

```
struct stu                     /* 定义学生结构体类型 */
{
char name[20];                 /* 学生姓名 */
char sex;                      /* 性别 */
long num;                      /* 学号 */
float score[3];                /* 三科考试成绩 */
};
struct stu student1,student2; /* 定义结构体类型变量 */
struct stu student3,student4;
```

用此结构体类型，可以定义更多的该结构体类型变量。

2. 定义结构体类型同时定义结构体类型变量

```
struct data
{
    int day;
    int month;
    int year;
} time1,time2;
```

也可以再定义如下变量：

```
struct data time3,time4;
```

用此结构体类型。

3. 直接说明结构变量

```
struct
{
    int num;
    char name[20];
    char sex;
    float score;
}boy1,boy2;
```

第三种方法与第二种方法的区别在于第三种方法中省去了结构名，而直接给出结构变量。说明了 boy1,boy2 变量为 stu 类型后,即可向这两个变量中的各个成员赋值。在上述 stu 结构定义中,所有的成员都是基本数据类型或数组类型。成员也可以又是一个结构,即构成了嵌套的结构。例如:

```
struct date{
  int month;
  int day;
  int year;
}struct{
     int num;
     char name[20];
     char sex;
  struct date birthday;
  float score;
}boy1,boy2;
```

首先定义一个结构 date,由 month(月)、day(日)、year(年) 三个成员组成。在定义并说明变量 boy1 和 boy2 时,其中的成员 birthday 被说明为 date 结构类型。成员名可与程序中其他变量同名,互不干扰。结构变量成员的表示方法在程序中使用结构变量时,往往不把它作为一个整体来使用。

10.2.3 结构体变量的使用

在 ANSI C 中除了允许具有相同类型的结构变量相互赋值以外，一般对结构变量的使用,包括赋值、输入、输出、运算等都是通过结构变量的成员来实现的。

表示结构变量成员的一般形式是:结构变量名。成员名,其中"。"是结构成员的运算符,在所有运算符中优先级别最高。对于成员运算符的运用例如:boy1. num 即第一个人的学号,boy2. sex 即第二个人的性别,如果成员本身又是一个结构,则必须逐级找到最低级的成员才能使用。例如:boy1. birthday. month 即第一个人出生的月份,成员可以在程序中单独使用,与普通变量完全相同。

1. 结构变量的赋值

前面已经介绍,结构变量的赋值就是给各成员赋值。可用输入语句或赋值语句来完成。

例 10-1 给结构变量赋值并输出其值。

```
main(){
  struct stu  {
    int num;
    char *name;
    char sex;
    float score;
  } boy1,boy2;
  boy1.num=102;
```

```
    boy1.name="Zhang ping";
    printf("input sex and score\n");
    scanf("%c %f",&boy1.sex,&boy1.score);
    boy2=boy1;
    printf("Number=%d\nName=%s\n",boy2.num,boy2.name);
    printf("Sex=%c\nScore=%f\n",boy2.sex,boy2.score);
}struct stu
{
    int num;
    char *name;
    char sex;
    float score;
}boy1,boy2;
boy1.num=102;
boy1.name="Zhang ping";
printf("input sex and score\n");
scanf("%c %f",&boy1.sex,&boy1.score);
boy2=boy1;
printf("Number=%d\nName=%s\n",boy2.num,boy2.name);
printf("Sex=%c\nScore=%f\n",boy2.sex,boy2.score);
```

本程序中用赋值语句给 num 和 name 两个成员赋值，name 是一个字符串指针变量。用 scanf 函数动态地输入 sex 和 score 成员值，然后把 boy1 的所有成员的值整体赋予 boy2。最后分别输出 boy2 的各个成员值。本例表示了结构变量的赋值、输入和输出的方法。

2. 结构变量的初始化

如果结构变量是全局变量或为静态变量，则可对它作初始化赋值。对局部或自动结构变量不能作初始化赋值。

例 10－2 给静态结构变量初始化。

```
main()
 {
   static struct stu /*定义静态结构变量*/
      {  int num;
        char *name;
        char sex;
        float score;
      }boy2,boy1={102,"Zhang ping",'M',78.5};
   boy2=boy1;
   printf("Number=%d\nName=%s\n",boy2.num,boy2.name);
   printf("Sex=%c\nScore=%f\n",boy2.sex,boy2.score);
 }
```

```
static struct stu{
  int num;
  char *name;
  char sex;
  float score;
  }boy2,boy1={102,"Zhang ping",'M',78.5};
```

10.3　结构体与函数

和普通变量一样，结构体变量也可作为函数的参数用于在函数之间传递数据，同时函数的返回值也可以是结构变量。

10.3.1　结构变量与数组结构作为函数的参数

结构变量作为函数参数的传递方式与简单变量作函数参数的处理方式完全相同，即采用值传递方式(形参结构变量中各成员值的改变对相应实参结构变量不产生影响，但在函数定义时需要对其类型进行相应的说明)，如：

```
int  get_month(x)
struct  month  x;
{…
x.day=23;
…
}
```

它说明了形参 x 是 struct　month 型结构变量。

在函数调用时，为结构类型的形参分配相应的存储区，并将对应实参变量中的各成员的值赋值到形参中对应的成员中。

10.3.2　结构变量作为函数的返回值

结构变量也可以作为函数的返回值，这时在函数定义时，需说明返回值的类型为相应的结构类型。如：

```
struct data  func(n)
float  m;
{struct  data  f;
…
return(f);
}
```

其中，函数名 func 前面的类型说明符就是用于对函数返回值 f 的类型进行说明。

例 10-3 编写程序,在主程序中为一个结构体的各成员赋值,在一个函数中显示结构体变量中各成员的值。

```
#include<stdio.h>
struct goods{
    char code;
    float price;
    };
struct goods g2;
void main()
{
    struct goods g1;
    void show();
    scanf("%c",&g1.code);
    scanf("%f",&g1.price);
    show(g1);
}
void show(struct goods g2)
{
    printf("code=%c",g2.code);
    printf("price=%f",g2.price);
}
```

10.4 结构体与指针

结构变量被定义后,编译时就为其在内存中分配一片连续的单元。该内存单元的起始地址就称为该结构变量的指针。可以设立一个指针变量,用来存放这个地址,当把一个结构变量的起始地址赋给一个指针变量时,就称为该指针变量指向这个结构变量。结构体指针变量还可以用来指向结构体数组中的元素。结构体指针与以前介绍过的指针用法一样,结构体指针的运算也按照C语言程序的地址计算规则。

10.4.1 结构体变量指针

结构体变量指针是指向结构体变量的指针,结构体变量指针的一般定义格式为:

```
struct 结构体类型名 *结构体变量名;
```

例如:

```
struct student{
float ave;
}stu1;
struct student *pa;
```

定义 stu1 是类型为 struct　student 的结构体变量，pa 是可以指向该类型对象的指针变量，但应该注意的是：经过上面的定义，此时 pa 尚未指向任何具体的对象，为使 pa 指向 stu1，必须把 stu1 的地址赋给 pa；

```
pa=&stu1;
```

注意：

在定义了 * pa 之后，应该知道：

(1) * pa 不是结构变量，因此不能写成 pa. ave，必须加上圆括号(* pa). ave，为此 C 语言程序引入一个指向运算符“－>”，连接指针变量与其指向的结构体变量的成员。“－>”为间接成员运算符，其一般引用的格式为：指针变量名－>结构成员名。

说明：运算符“－>”是由连字符和大于号组成的字符序列，它们要连在一起使用，C 语言程序把它们作为单个运算符使用，所以可以将(* ps). ave 改写为 ps－>ave。

(2) pa 只能指向一个结构体变量，而不能指向结构体变量中的一个成员。

(3) 指向运算符“－>”的优先级别最高，如：ps－>ave＋1 相当于(ps－>ave)＋1，即返回 ps－>ave 之值加 1 的结果。

Ps－>ave++相当于(ps－>ave)++，即将 ps 所指向的结构体成员的值自增 1。

由此可知，引用结构体中的成员有如下三种方法：

第一，结构变量名. 成员名

第二，(* 结构指针变量名). 成员名

第三，结构指针变量名－>成员名

例如：

```
struct  point{
float x[2];
struct  point  *next;
}fp,lp, * top;
top=&fpl
fp.x[0]=3.14;
fp.next=&lp;
( * fp.next).x[0]=0.369;
lp.next=9;
top->x[1]=2.698;
top->fp.x[0];
```

10.4.2　结构体数组指针

从前面的学习可知，数组和指针有着密切的关系，同样对于结构体数组和结构体数组指针也紧密相关。当定义了一个结构数组后，还可以定义一个结构指针变量，使该指针变量指向这个数组，这样在程序中既可用数组下标访问一个数组元素，也可通过指针变量的操作来存取结构数组元素。

例如，定义一个结构体类型 worker 和结构体数组 class：

```
struct  worker { char  name[20];
float  salary;
int age;
int num[12];
};
struct  worker  class[10];
struct  worker  *pa;
pa=&class[0];
```

使用结构体数组指针 pa 时应注意如下几点：

1. 当执行 pa=&class 语句后，指针 pa 指向 class 数组的第一个元素；当执行 pa++后，表示指针 pa 指向下一个元素的起始地址。(++pa)->age 先将 pa 增 1，然后取得它指向的元素中 age 的成员的值；若原来 pa 指向 class[0]，则表达式返回 class[1].age 的值，之后 pa 指向 class[1].(pa++)->age 先取得 pa->age 的值，然后再使 pa 自增 1。若原来 pa 指向 class[0]，则该表达式返回 class[0].age 的值，之后 pa 指向 class[1]。

2. pa 只能指向该结构体数组中的一个元素，然后再用指向运算符->取其成员之值，而不是直接指向一个成员。

例 10-4　输入 5 本书的名称和单价，按单价进行排序输出。

```
/* 输入5本书的名称和单价，按照单价进行排序后输出。*/
#include<stdio.h>
struct book{
   char name[20];
   float price;
   };
/*形式参数，结构变量 term*/
 /*指向结构数组首地址的指针 pbook*/
void sort(struct book term,struct book *pbook,int count)
{
   int i;
   struct book *q, *peng=pbook;
   for(i=0;i<count;i++,peng++)
      for(;pbook<peng;pbook++)
          if(pbook->price>term.price)
      break;
   for(q=peng-1;q>=pbook;q--)
    *(q+1)=term;
}
void printbook(struct book *pbook)  /*输出指针所指向的结构数组元素的值*/
{
   printf("%-20s%6.2f\n",pbook->name,pbook->price);
```

```
}
void main()
{
   struct book term,books[5];
   int count;
   for(count=0;count<5;)
   {
      printf("please enter book name and price%d=",count+1);
      scanf("%s%f",term.name,&term.price);
      sort(term,books,count++);
/*调用函数,传给结构变量term和结构数组book数组的首地址*/
    }
    printf("------------BOOK LIST---------------\n");
    for(count=0;count<5;count++)
    printbook(&books[count]);    /*调用函数,传递数组中的一个元素的地址*/
```

运行结果:

```
Please  enter   book  name  and  price  1=db    10↙
Please  enter   book  name  and  price  2=c     20↙
Please  enter   book  name  and  price  3=ds    15↙
Please  enter   book  name  and  price  4=os    18↙
Please  enter   book  name  and  price  5=java  22↙
```

输出结果:

```
----------------BOOK  LIST----------------
Db  10.00
Ds  15.00
Os  18.00
C    20.00
Java  22.00
```

10.5 链　　表

链表是C语言程序中很容易实现且非常有用的数据结构,它是动态地进行存储分配的一种结构。链表有若干种形式,如单链表、双链表等,每种形式适合于一定的数据存储类型。链表的一个共同特点是:数据项之间的关联由包含在数据项自身的信息所定义,就是说在每个数据项内部有指向该数据类型的指针变量。这种数据项恰好要引用自身的结构来实现。以下是单链表的学习。

10.5.1 链表概述

链表是将若干数据项按一定规则连接起来的表，链表中的每个数据称为一个结点，即链表是由称为结点的元素组成的，结点的多少根据需要确定。链表连接的规则是：前一个结点指向下一个结点；只有通过前一个结点才能找到下一个结点，因此，每个结点都应包括两个方面的内容：

1. 数据部分，该部分可以根据需要由多少个成员组成，它存放的是需要处理的数据。

2. 指针部分，该部分存放的是一个结点的地址，链表中的每个结点通过指针连接在一起。

说明：

(1) 头指针变量 head 指向链表的首结点；

(2) 每个结点由两部分组成，即数据和指针；

(3) 尾结点的指针域为空 NULL，作为链表结束的标志。

链表与结构数组有相似之处，即都是由相同数据类型的结构变量组成，结构变量间有一定的顺序关系，但它们又有区别：

① 结构数组中各元素是连续存放的，而链表中的结点可以是不连续存放的；

② 结构数组元素可通过下标或相应的指针变量的移动进行顺序或随机的访问；

③ 结构数组在定义时就确定其元素的个数，不能动态增长；而链表的长度往往是不确定的，根据问题求解过程中的实际需要动态地创建结点并为其分配存储空间。

10.5.2 链表的基本操作

对链表的基本操作有建立、查找、删除和修改等。

1. 建立链表是指从无到有建立一个链表，即往空链表中依次插入一个结点，并保持结点间的前驱和后继的关系。

2. 查找操作是指在给定的链表中，查找具有检索条件的结点。

3. 插入操作是指在某两个结点间插入一个新的结点。

4. 删除操作是指在给定的链表中，删除某个特定的结点，也就是插入的逆过程。

5. 修改操作是指在给定的链表中，首先根据某已知的条件查找到该结点，再修改数据域中的某些数据项。

由于C语言程序允许结构成员可以是本结构类型的指针，所以链表中的每个结点可以用一个结构变量来描述，利用C语言程序处理链表是非常方便的。我们将链表中每个结点的结构类型定义如下：

```
Struct  node { int  data;/ * 数据部分 * /
Struct  node   * next; / * 指针部分 * /
};
```

10.6　共用体

在编程时，有时会碰到这样的情况，需要把不同数据类型的变量放在同一存储区域。例如，在编制程序的符号表中，常量可以是整常量、浮点常量或指向字符的指针，它们的类型及大小不同，为了便于管理，可把它们放在足够大的同一存储区域，这就用到共用类型，它也是一种数据类型。

与结构体类型定义相似，共用体一般定义格式为：

```
Union　共用类型名
{数据类型　　成员名1;
数据类型　　成员名2;
…
数据类型　　成员名n;
};
```

可以看出，共用体与结构体的定义在形式上非常相似，只是关键字变为了nuion，nuion就是定义共用体的标识符。

同样在定义共用体变量时，也可将类型定义和变量定义分开，或直接定义共用变量。其常用形式为：

```
Union 共用体类型名　　共用体变量;
```

例如：

1. 直接定义变量(共用体名可以省略)

```
union  num{
char  ch;
int  a;
float  f;
char  c;
int  *p;
} x,y,z, *pa;
```

2. 先定义类型，再定义变量

```
union  unm  x, y,  z;
```

3. 共用体与结构体可嵌套使用

```
union    stu{
int  name[10];
float  ave;
}st;
int  age;
```

```
char  bir[10];
}stu1;
```

要访问成员 ave,可用 stu1. st. ave 的形式。

定义好共用体后,对其中成员的引用与结构体一样,满足三种方式:

1. 共用体变量名.成员名;如 x. ch、stu1. age
2. 共用体指针变量名－>成员名;如 pa－>f
3. (＊共用体指针变量名).成员名;如(＊pa). c

使用共用体的注意事项如下:

1. 由于共用体变量中的所有成员共享存储空间,因此变量中的所有成员的首地址相同。

2. 由于共用体变量中的所有成员共享存储空间,所以在任意时刻,只能有一种类型的数据存放在共用体变量中。

3. 共用体变量不能作为函数参数,在定义共用体变量时不能进行初始化。

例 10－5 验证共用体的应用实例:

```
#include <stdio.h>
void main()
{
union{
   unsigned int n;
   unsigned char c;
}u1;
u1.c='Z';
printf("%c\n",u1.n);
}
```

运行结果:

```
Z
```

10.7 枚举类型

所谓枚举类型,就是将变量的值一一罗列出来,而变量的值只限于在列举出来的值的范围内。枚举是一个有名字的整型常量的集合,该类型变量只能是取集合中列举出来的所有合法值。通常其定义形式为:

```
enum  类型名{取值表};
```

其中 enum 是定义枚举类型的关键字,例如:

```
enum  color {read,blue,yellow,black=green,white};
```

Color 是枚举类型名,花括号中各个标识符是构成该类型的各个成分,即枚举元素。

枚举变量的定义方式有:

1. 在定义枚举类型的同时定义枚举变量,例如:

```
enum  date
{mody=1,tuesd=2,wednesd=3,thursd=4,frid=5,saturd=6,sund=7}d1,d2;
```

这里的d1,d2都是枚举变量,此时枚举类型名date可省略。

2. 先定义枚举类型,再定义枚举变量,例如:

```
enum  date  d3;
```

注意:

(1) 枚举元素也称枚举常量,每个枚举常量都表示一个整数值(称为序号),系统默认的是0,1,2,…,n−1。

(2) 枚举元素是常量而不是变量,因此不能为枚举元素赋值,如以下语句不合法:

```
wednesd=3;
saturd=6;
```

(3) 可以将一个整数经强制转换后赋值给枚举变量,如:

```
enum  color {read,blue,yellow,black;green,white}c1,c2;
C3=(enum  color)  5;
```

相当于:c3=white;

例10-6 从键盘上输入一整数,显示与该整数对应的枚举常量的英文名。

```
#include<stdio.h>
void main()
{
enum  date
{mondy=1,tuesd=2,wednesd=3,thursd=4,frid=5,saturd=6,sund=7};
enum  date d1;
int i;
printf("Enter the data:");
scanf("%d",&i);
d1=(enum date)i;
switch(d1)
{
case mondy:printf("mondy");
break;
case tuesd:printf("tuesd");
break;
case wednesd:printf("wednesd");
break;
case thursd:printf("thursd");
break;
case frid:printf("frid");
```

```
break;
case saturd:printf("saturd");
break;
case sund:printf("sund");
break;
default: printf("input error");
break;
}
getchar();
}
```

运行结果：

```
Enter the data:2↙
tuesd
```

10.8 typedef 类型声明

C语言程序允许用 typedef 说明一种新的数据类型名，其一般形式为：

```
typedef  类型名 1  类型名 2 ;
```

其中，typedef 为关键字用于给已有类型重新定义新类型名，类型名 1 为系统提供的标准类型名或是已定义过的其他类型名；类型名 2 为用户自定义的新类型名，它往往可简化程序中变量的类型定义，如：

```
typedef  int  DB;
```

定义 DB 等价于数据类型 int，此后，就可用 DB 对变量进行类型说明，如：

```
DB  m,n,p, *pi;
```

实际上，C 编译程序把上述变量作为一般的整型变量处理，在这种情况下，变量所表示的含义较为清楚，从而增加了程序的可读性，又如：

```
typedef  struct   student { char  name[10];
int  age;
}stu;
```

若有以上定义后，便可在程序中使用 stu 来替代 struct studentc 进行变量定义，如：

stu a,b, *p;

相当于 struct   student a,b, *p;

对 typedef 的几点使用说明：

(1) typedef 不能用于对变量的定义，只能对已存在的类型增加新的类型名，而不能定义新的类型；

(2) 从表面上看，typedef 与 #define 的使用方式十分相似，但两者本质上是不同的。

10.9　小型案例

本案例结合结构体类型进行操作，从而掌握结构体类型的应用方法。

问　题

日常生活中有时要做一项简单调查，调查某单位职工的消费情况，如对一批职工，当输入工号、姓名及各项消费额（包括通信费、交通费及其他费用等），要求出所有职工的平均消费金额，每位职工各项平均消费额及最高消费的职工的基本信息，这类问题运用于常规的信息收集调研管理中，有很多是经常要做的事。本案例中将运用 C 语言程序的结构体类型来完成对一批职工的信息录入，再实现对一批职工的相关统计操作。

分　析

要解决这类问题，首先设定一个结构体类型变量来保存职工信息（即工号、姓名、各项消费额等信息），再通过相关统计计算完成对职工信息的调研工作。

设　计

算法

1. 定义结构体类型。
2. 定义结构体变量。
3. 输入结构体变量的值。
4. 完成对结构体变量的有关操作。

实　现

```
#define N 3
#include  <stdio.h>
struct zg
{char num[3];char name[8];int xf[4];float avr;}zg1[N];
main()
{int i,j,max,maxi,sum;
float average;
for(i=0;i<N;i++)
{
printf("NO:");
scanf("%s",zg1[i].num);
printf("name:");
scanf("%s",zg1[i].name);
for(j=0;j<3;j++)
```

```
{printf("xf%d:",j+1);
scanf("%d",&zg1[i].xf[j]);
}}
average=0;
max=0;maxi=0;
for(i=0;i<N;i++)
{sum=0;
for(j=0;j<3;j++)
sum+=zg1[i].xf[j];
zg1[i].avr=sum/3.0;
average+=zg1[i].avr;
if(sum> max)
  {max=sum;
  maxi=i;
  }
  average/=N;
  printf("    NO    name    xf1       xf2       xf3     average\n");
  for(i=0;i<N;i++)
  {printf("%5s%10s",zg1[i].num,zg1[i].name);
  for(j=0;j<3;j++)
  printf("%9d",zg1[i].xf[j]);
  printf("%8.2f\n",zg1[i].avr);}
  printf("average=%6.2f\n",average);
  printf("the highest xf :%s,xf
total:%d,no:%s",zg1[maxi].name,max,zg1[maxi].num);
}
```

测 试

分批输入几组职工信息进行验证，理论分析与实践操作一致。

10.10 小　　结

C语言程序的数据类型有基本类型(如整型、实型等)和派生类型(如数组和指针等)，但这些有时并不能很方便地描写某些组合类型数据。所以，C语言程序中需要有新的数据类型来描述某些数据，故引入构造数据类型。构造数据类型又分为三种：结构体、共用体和枚举。

对本章内容的小结主要有：

1. 结构体是由不同数据类型的数据组成的集合体，是与数组有区别的。结构体中所有成员的数量和大小必须是确定的，即结构不能随意改变大小。其定义的一般格式为：

```
Struct  结构体名{
数据类型  成员名1;
数据类型  成员名2;
…
数据类型  成员名n;};
```

2. 定义结构体变量的常用方法：

(1) 先定义结构体，再定义结构体变量，此方法中关键字struct和结构体名必须同时出现；

(2) 在定义结构体同时定义结构体变量；

(3) 省略结构类型定义变量，也叫无名结构类型定义变量，在关键字struct与"{"之间没有结构名。

3. 对结构体成员的引用的三种方法：

(1) 结构变量名.成员名；

(2) (*结构指针变量名).成员名；

(3) 结构指针变量名－＞成员名。

4. 结构体与函数的关系：

(1) 结构变量作函数参数的传递方式与简单变量作函数的参数的处理方式完全相同，即采用值传递方式；

(2) 结构变量也可作为函数的返回值，这时在函数的定义时，需说明返回值的类型为相应的结构类型。

5. 链表是将若干数据项按一定规则连接起来的表，链表中的每个数据称为一个结点，即链表是由称结点的元素组成的，结点的多少根据需要确定，每个结点含两个方面的信息：(1) 数据部分；(2) 指针部分。

6. 对链表的基本操作：

(1) 建立链表；(2) 查找结点；(3) 删除结点；(4) 插入结点；(5) 修改结点。

7. 为了便于管理，可将不同数据类型的变量放在足够大的同一存储区域，即采用共用体类型，它与结构体类型定义相似，定义的一般格式为：

```
Union  共用体类型名{
数据类型  成员名1;
数据类型  成员名2;
…
数据类型  成员名n;};
```

8. 枚举类型是将变量的值一一列举出来，而变量的值只限于在列举的值的范围内，枚举是一个有名字的整型常量的集合。

9. C语言程序允许用typedef说明一种新的数据类型名，关键字是typedef用于给已有类型重新定义新类型名。

习　　题

一、选择题

1. 下列关于结构体的描述正确的是(　　)。

A. 可直接对结构体变量进行赋值操作

B. 一个结构体变量中可以同时存放其所有成员

C. 一个结构体中能包含一种数据类型

D. 结构体不能嵌套定义

2. 下列程序的运行结果是(　　)。

```
Struct  worker{
Int num;
Char  *name;
}a;
Main(){printf("%d\n",sizeof(worker));
}
```

A. 4　　　B. 8

C. 有语法错误　　　D. 运行时出错

3. 以下程序的输出结果是(　　)。

```
Struct  stu{
Char  num[10];float  score[3];};
Main()
{struct  stu
s[3]={{ "20021",90,95,85,},{"20022",95,80,75},{"20023",100,95,90};
*p=s;
Int i;float  sum=0;
For(i=0;i<3;i++)
Sum=sum+p->score[i];
Printf("%6.2f\n",sum);
}
```

A. 260.00　　　B. 270.00

C. 280.00　　　D. 285.00

4. 若有以下定义,则其描述不正确的是(　　)。

```
Union{int k;char i;}a;
```

A. i和k两个成员不可以同时在　　　B. 成员k所占内存数即是a所占内存数

C. a与它的各成员占用同一地址　　　D. a不可作为函数参数使用

二、填空题

1. 有如下定义。

```
Struct bd
{int num;
Char name[10];
}bdl;
```

将结构体变量 bd 的成员 num 赋值为 15 的语句为__________。

2. 有以下定义：

Enum p(m1,m2=4,m3=17,m4);则 m1=________,m2=________, m3=________, m4=________。

3. 有一学生信息的结构体类型如下定义：

```
Struct  st {
Int num;
Char  name[20];
Char sex;
Struct{int year;int month;int day;}birthday;}stu1;
```

设该结构体变量 stu1 中的生日是“1984 年 2 月 10 日”，birthday. year=________, birthday. month=________。

三、编程题

假设有一组员工信息，其结构如表 10-1，编程打印这组员工信息表。

表 10-1　员工信息表

Bh(编号)	Xm(姓名)	Sal(薪水)
3	Wangsan	2 200.00
5	Liuhong	2 500.50
7	liming	1 988.50

第11章　文　件

文件是根据特定目的而收集在一起并存储在外部介质上的相关数据的集合。其外部介质可指硬盘、软盘、U盘、磁带等。计算机操作系统都是以文件为单位对数据进行管理的，如果想找寻存在外部介质上的数据，必须先按文件名找到所指定的文件，然后再从该文件中读取数据。要在外部介质上存储数据也必须先建立一个文件(以文件名标识)，才能向它输出数据。在程序运行时，程序本身和数据一般都存放在内存中。当程序运行结束后，存放在内存中的数据就被释放。如果需要长期保存程序运行所需的原始数据或结果，就必须以文件形式存储到外部存储介质上。

C语言把文件看做是一个字符(字节)的序列，即由一个一个字符(字节)的数据顺序组成。根据数据的存储方式，可分为ASCⅡ码文件(又称文本文件)和二进制文件两类。

用ASCⅡ码形式存储，一个字节存储一个字符，因而便于对字符进行逐个处理，但一般占用存储空间较多，而且要花费转换时间(二进制与ASCⅡ码之间的转换)。文本文件可在屏幕上按字符显示，由于是按字符显示，因此能读懂文件内容。

用二进制形式存储，可以节省存储空间和转换时间，但一个字节并不对应一个字符，不能直接输出字符形式。二进制文件虽然也可在屏幕上显示，但其内容无法读懂。C语言系统在处理这些文件时，并不区分类型，将其都看成是字符流，只按字节进行处理。一般中间结果数据需要暂时保存在外存中，以后又需要输入到内存，常用二进制文件保存。

11.1　任务11——磁盘文件信息复制

问　题

在我们使用电脑时，时常要将一个磁盘文件中的信息复制到另一个磁盘文件中，使其达到对文件信息备份及另存的目的。为此我们可以编写一个程序来执行其操作。

分　析

解决这个问题我们要明确操作文件的“三步曲”：第一步，对文件操作之前要将其打开；第二步，处理其数据；第三步，数据处理完后将文件关闭。针对当前任务的第一步就是明确原文件及目标文件并将两者打开，再将原文件信息读出，把读出的信息写入目标文件中，然后关闭原文件与目标文件。通过这几步，我们已明确了该问题的设计思路。

设　计

围绕文件操作的“三步曲”,我们可以用 printf()函数进行文件名的输入提示,用 scanf()函数将文件名输入。使用 fopen()函数打开两个文件时判断这两个文件是否能正常打开,如不能打开则输出提示。用 fgetc()函数读出原文件信息。用 feof()函数判断原文件信息是否读完。用 fputc()函数把读出的信息写入目标文件中。最后用 fclose()关闭原文件与目标文件。

实　现

为了实现以上设计方案,流程图如图 11-1 所示,我们使用C语言来编写这个算法。首先将问题的数据需求告诉C编译器,即要使用的内存单元的名称和每个内存单元中所存储的数据类型。接下来,将算法的每一步都转换成一条或多条C语句。可以对算法的某一步进行细化,以下是完整程序。

```
#include"stdio.h"
main()
{
  FILE  *infp, *outfp;
  char ch,infile[10],outfile[10];
  printf("Enter the infile name:\n");
  scanf("%s",infile);
  printf("Enter the outfile name:\n");
  scanf("%s",outfile);
  if((infp=fopen(infile,"r"))==NULL)
   {
    printf("cannot open infile\n");
    exit(0);
   }
  if((outfp=fopen(outfile,"w"))==NULL)
   {
    printf("cannot open outfile\n");
    exit(0);
   }
  while(! feof(infp))
  fputc(fgetc(infp),outfp);
  fclose(infp);
  fclose(outfp);
}
```

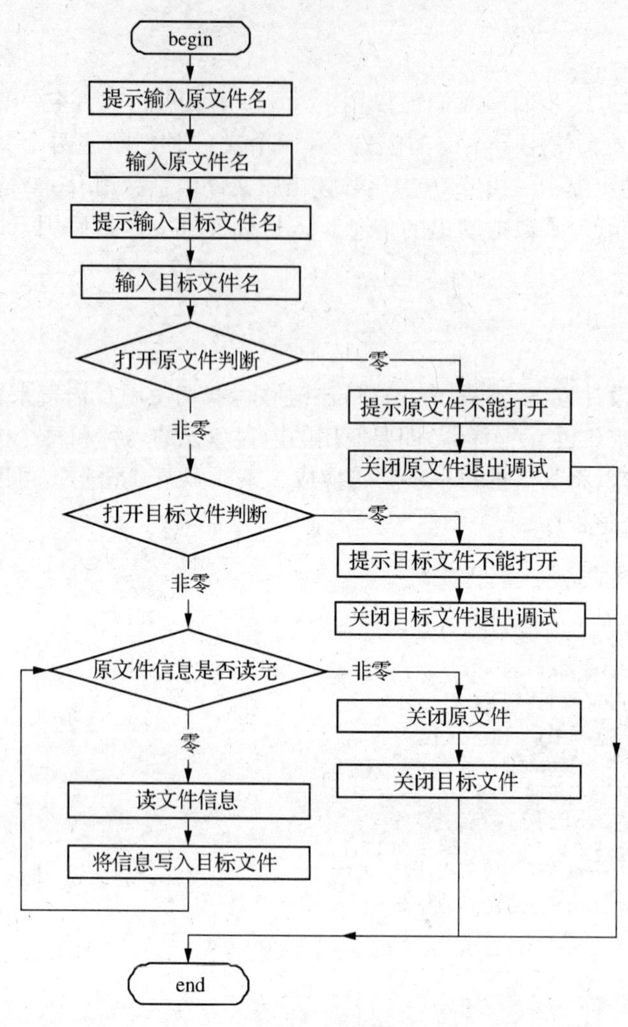

图 11-1 流程图

其程序运行情况如下：

```
Enter the infile name:
 wj1.c(输入原有磁盘文件名)
Enter the outfile name:
 wj2.c (输入新复制的磁盘文件名)
```

程序运行后结果是将 wj1.c 文件中的内容复制到了 wj2.c 中。

以上程序是按文本文件方式处理的。也可以用此程序来复制一个二进制文件，只需将两个 fopen 函数中的"r"和"w"分别改为"rb"和"wb"即可。

也可以在输入命令行时把两个文件名一起输入。这时要用到 main 函数的参数。程序可改为：

```
#include "stdio.h"
main(int argc,char *argv[ ])
{ FILE   *infp, *outfp;
```

```
char ch;
if(argc! =3)
 {
  printf("You forgot to enter a filename\n");
  printf("usage: executable file  source file  destination file\n");
  exit(0);
 }
 if((infp=fopen(argv[1],"r"))==NULL)
 {
   printf("cannot open infile\n");
   exit(0);
 }
 if((outfp=fopen(argv[2],"w"))==NULL)
 {
   printf("cannot open outfile\n");
   exit(0);
 }
 while(! feof(infp))
 fputc(fgetc(infp),outfp);
 fclose(infp);
 fclose(outfp);
}
```

假若本程序的源文件名为 wj. c,经编译连接后得到的可执行文件名为 wj. exe,则在 DOS 命令工作方式下,如果 wj. exe、wj1. c、wj2. c 三者都在 C 盘根目录,则可以输入以下的命令行

```
C:\>wj(或 wj.exe)wj1.c  wj2.c
```

即在键入可执行文件名 wj 后,再输入两个参数 wj1. c 和 wj2. c,其分别输入到 argv[1] 和 argv[2]中,argv[0]的内容为可执行文件名 wj,argc 的值等于 3(因为此命令行共有 3 个参数)。如果输入的参数少于 3 个,则程序会输出提示少输入了文件名并告之正确输入方式。程序执行结果是将 wj1. c 中的信息复制到 wj2. c 中。

需要说明的是,此程序在 DOS 命令工作方式下运行时,如果可执行文件 wj 及两个参数文件 wj1. c 和 wj2. c 所在目录都不相同,这 3 个文件在输入时一定要使用各自正确的路径,保证运行时三者都能找到(最好三者能用绝对路径),这样运行才会正确。(具体加路径输入方法参考 DOS 系统操作说明。)

测　试

对此程序的测试,首先要确保此程序能正确输入后,能运行出正确结果,然后再对不正确输入及其他情况测试,重点对程序中的判断分支进行测试。如果这几个关键点已测试通过,说明该程序运行正确,无须再输入更多的测试来验证其正确性了。

11.2 文件类型指针

C语言在使用文件时，系统会在内存中为每一个文件开辟一个区域，用来存放文件的有关信息（如文件的名字、文件状态以及文件当前的位置等）。这些信息是保存在一个结构体变量中的。该结构体类型是由系统定义的，取名为FILE。Turbo C在stdio.h文件中有以下的文件类型声明：

```
typedef  struct
{short  level;                /*缓冲区"满"或"空"的程度*/
unsigned  flags;              /*文件状态标志*/
char  fd;                     /*文件描述符*/
unsigned  char  hold;         /*如无缓冲区不读取字符*/
short  bsize;                 /*缓冲区的大小*/
unsigned  char  *buffer;      /*数据缓冲区的位置*/
unsigned  char  *curp;        /*指针，当前的指向*/
unsigned  istemp;             /*临时文件，指示器*/
short  token;                 /*用于有效性检查*/
}FILE;
```

有了结构体FILE类型之后，可以用它来定义若干个FILE类型的变量，以便存放若干个文件的信息。例如，可以定义以下FILE类型的数组。

```
FILE  f[3];
```

定义了一个结构体数组f，它有3个元素，可以用来存放3个文件的信息。

可以定义文件型指针变量。如：

```
FILE* *fp1, *fp2;
```

fp1，fp2为指向FILE结构体类型的指针变量，有了这文件指针变量，可以使其指向某一个文件结构体变量，从而通过该结构体变量中的文件信息能够访问该文件。也就是说，通过文件指针变量能够找到与它相关的文件，以实现对其文件的读与写。换句话说，一个文件有一个文件变量指针，今后对文件的访问，会转化为针对文件变量指针的操作。

11.3 文件的基本操作

11.3.1 文件的打开

C语言与其他高级语言一样，对文件进行操作之前，必须先打开文件。

所谓打开文件，是指一个文件指针变量指向被打开文件的结构变量，以便通过指针变量访问打开文件。

C语言在头文件stdio.h中提供了标准输入输出函数库，用fopen()函数来实现打开文件。fopen()函数的调用方式通常为

```
FILE  *fp;
fp=fopen("文件名","文件操作方式");
```

例如：

```
FILE *fp;
fp=fopen("doc.txt","r")
```

它表示要打开名字为doc.txt的文件，文件使用的方式是“只读”，也就是文件doc.txt只能读不能写，用户不能修改文件中的内容。

fopen函数带回指向doc.txt文件的指针并赋给fp，这样fp就和文件doc.txt相联系了，fp指向了doc.txt文件。可以看出，在打开一个文件时，通知给编译系统以下3个信息：① 需要打开的文件名；② 使用文件的方式（“读”还是“写”等）；③ 让指针变量指向被打开的文件。

对于文件名的使用，应注意以下几个方面：

1. 使用文件名时，必须对其用双引号括起来，如果使用的是字符数组（或字符指针），则不使用双引号。

2. 如果在当前目录下使用一个文件，则可以不加路径。

3. 如果使用的文件不在当前目录下，则有两种情况。

(1) 如果不在当前目录的子目录下使用某一个文件，则必须加上相对路径。例如，在当前目录下有一个子目录test，如果要以追加方式使用test目录下的一个文件file0.txt，可以这样使用：

```
fp=fopen("test\\file0.txt","a");
```

注意，test后面必须用“\\”，不能用“\”。

(2) 如果使用的文件在另外一个目录下，此时必须使用绝对路径，例如，在C盘下有一个目录doc，如果要以只读方式使用此目录下的文件file1.txt，可以这样使用：

```
fp=fopen("c:\\doc\\file1.txt"," r ");
```

或

```
fp=fopen("c:/doc/file1.txt"," r ");
```

文件使用方式见表11-1函数fopen()中的文件操作方式。

表11-1　函数fopen( )中的文件操作方式

打开方式	含　义	说　明
r	只读	为输入打开一个已存在的文本文件
w	只写	为输出打开一个文本文件
a	追加	为追加打开一个已存在的文本文件
r+	读写	为既读又写打开一个已存在的文本文件
w+	读写	为既读又写新建一个文本文件

（续表）

打开方式	含 义	说 明
a+	读写	为既读又写打开一个已存在的文本文件，文件指针移至文件末尾
rb	只读	为输入打开一个已存在的二进制文件
wb	只写	为输出打开一个二进制文件
ab	追加	为追加打开一个已存在的二进制文件
rb+	读写	为既读又写打开一个已存在的二进制文件
wb+	读写	为既读又写新建一个二进制文件
ab+	读写	为既读又写打开一个已存在的二进制文件，文件指针移至文件末尾

说明：

(1) 用“r”方式打开的文件只能将文件里的数据取出(即读文件)，而不能向对文件里的数据更改(即写文件)，而且该文件应该已经存在，不能用“r”方式打开一个并不存在的文件，否则出错。

(2) 用“w”方式打开的文件只能对该文件里的数据进行写入(即写文件)，而不能将文件里的数据取出。如果原来不存在该文件，则在打开时新建立一个以指定的名字命名的文件。如果原来已存在一个以该文件名命名的文件，则在打开时将该文件删去，然后重新建立一个新文件。

(3) 如果希望向文件末尾添加新的数据(不希望删除原有数据)，则应该用“a”方式打开。但此时该文件必须已存在，否则将得到出错信息。打开时，位置指针移到文件末尾。

(4) 用“r+”“w+”“a+”方式打开的文件既可以对文件取数据，也可以对文件写数据。用“r+”方式时该文件应该已经存在，以便能对文件取数据。用“w+”方式则新建立一个文件，先向此文件写数据，然后可以读此文件中的数据。用“a+”方式打开的文件，原来的文件不被删去，位置指针移到文件末尾，可以添加，也可以读取。

(5) “r(b)+”与“a(b)+”的区别：使用前者打开文件时，读写位置指针指向文件头；使用后者时，读写指针指向文件尾。

(6) 用以上方式可以打开文本文件或二进制文件，这是 ANSI C 的规定，用同一种缓冲文件系统来处理文本文件和二进制文件。但目前使用的有些 C 编译系统可能不完全提供所有这些功能(例如有的只能用“r”“w”“a”方式)，有的 C 版本不用“r+”“w+”“a+”，而用“rw”“wr”“ar”等，此由系统决定。

(7) 在向计算机系统输入文本文件数据(即读文件)时，系统自动将回车换行符转换为一个换行符，在输出(即写文件)时把换行符转换成为回车和换行两个字符。在用二进制文件时，不进行这种转换，在内存中的数据形式与输出到外部文件中的数据形式完全一致，一一对应。

(8) 在程序开始运行时，系统自动打开 3 个标准文件：标准输入、标准输出、标准出错输出。通常这 3 个文件都与终端相联系。因此以前我们所用到的从终端输入或输出都不需要打开终端文件。系统自动定义了 3 个文件指针：stdin、stdout 和 stderr，分别指向终端输入、终端输出和标准出错输出(也从终端输出)。如果程序中指定要从 stdin 所指的文件输入数据，就是指从终端键盘输入数据。

(9) 如果不能实现“打开”的任务，fopen函数将会带回一个出错信息。出错的原因可能是用“r”方式打开一个并不存在的文件，磁盘出故障，磁盘已满无法建立新文件等。此时fopen函数将带回一个空指针值NULL(NULL在stdio.h文件中已被定义为0)。

通常情况下可以用这种方法打开一个文件：

```
if  ((fp=fopen("文件名","操作方式"))==NULL)
     {printf("cannot open this file.\n");
       exit(0);
     }
```

即先检查打开的操作有否出错，如果有错就在终端上输出“cannot open this file.”。

exit()函数的作用是关闭已打开的所有文件，结束程序运行，返回操作系统，并将“程序状态值”返回给操作系统。(当“程序状态值”为0时，表示程序正常退出；非0值时，表示程序出错退出)待用户检查出错误，修改后再运行。

11.3.2　文件的关闭

在使用完一个文件后，必须将它关闭，避免造成数据丢失。

所谓关闭文件，是指把(输出)缓冲区的数据输入到磁盘文件中，同时释放文件指针变量(即使文件指针变量不再指向该文件)。此后，不能再通过该指针变量来访问该文件，除非再次打开，使该指针变量重新指向该文件。

文件的关闭使用fclose函数。fclose函数调用的一般形式为：

```
fclose(文件指针);
```

例如：

```
fclose(fp);
```

关闭fp指针指向的文件。

关闭文件的作用有以下两点：

1. 使文件指针fp与文件脱离。

2. 刷新文件输入输出缓冲区。

前面我们用fopen()函数打开文件时所带回的指针赋值给了fp，现通过fp把该文件关闭，即fp不再指向该文件。这样打开文件使用后再关闭文件成为了一个完整的过程。

在编程中时应该养成在程序终止之前关闭所有文件的习惯，如果不关闭文件将会丢失数据。因为，在向文件写数据时，是先将数据输到缓冲区，待缓冲区充满后才正式输出给文件。如果当数据未充满缓冲区而程序结束运行，就会将缓冲区中的数据丢失。用fclose()函数关闭文件，可以避免这个问题，它先把缓冲区中的数据输出到磁盘文件，然后才释放文件指针变量。

fclose()函数执行后，也带回一个值，如果正常执行了关闭操作，则返回值为0；否则返回EOF(-1)。此可以用ferror函数来测试。

11.3.3 文件读函数

打开文件后目的就是要对其进行读或写，当文件被正常打开之后，就可以对其进行读写操作了。

在此我们先介绍文件的读函数，常用的读函数如下所述。

1. fgetc()函数

fgetc()函数的作用是从“文件指针变量”所指向的文件(该文件必须是以读或读写方式打开的)中，读出一个字符，同时将读写位置指针向前移动1个字节(即指向下一个字符)。例如，fgetc(fp)表达式，从fp所指文件中读一个字符，同时将fp的读写位置指针向前移动到下一个字符。

其调用形式为：

```
ch=fgetc(fp);
```

其中fp为文件型指针变量，ch为字符变量。fgetc函数带回一个字符，赋给ch。通常情况下，读取的字符需赋值给一个字符变量，但有时读取的字符也可不赋值给字符变量，例如，“fgetc(fp);”，这样读出的字符就不能保存了。如果在执行fgetc函数读字符时遇到文件结束符，函数就会返回一个文件结束标志EOF(其值在头文件stdio.h中被定义为-1)。

如果想从一个磁盘文件中顺序读出字符并在屏幕上显示出来，可以用

```
ch=fgetc(fp);
while(ch! =EOF)
 {putchar(ch);
   ch=fgetc(fp);
 }
```

需要说明的是EOF不是可输出字符，因此不能在屏幕上显示。在对ASCII码文件执行读入操作时，由于字符的ASCII码(其取值为0～255)不可能出现-1，因此EOF定义为-1是合适的。当读入的字符值等于-1(即EOF)时，表示读入的已不是正常的字符而是文件结束符。但以上只适用于读文本文件的情况。现在ANSI C已允许用缓冲文件系统处理二进制文件，而读入某一个字节中的二进制数据的值有可能是-1，而这又恰好是EOF的值。这就需要判断读入的-1值是否为文件结束标志。为了解决这个问题，ANSI C提供一个feof函数来判断文件是否真的结束。

2. feof()函数

在对二进制文件执行读入操作时，必须使用函数feof()来判断是否遇到文件尾。其调用形式为：

```
feof(文件指针变量);
```

如：feof(fp)指测试fp所指向的文件当前状态是否“文件结束”。如果是文件结束，函数feof(fp)的值为1(真)，否则为0(假)。

如果想顺序读入一个二进制文件中的数据，可以用

```
while(! feof(fp))
      {i=fgetc(fp);
      }
```

当未遇文件结束，feof(fp)的值为0，! feof(fp)为1，读入一个字节的数据赋给整型变量i，并接着对其进行所需的处理。该处理运行直到遇文件结束，! feof(fp)值为0，才会不再执行while循环。这种判断文件结束方法同样也适用于文本文件。

例11-1　编写一个程序，把已存在的文件"C:/wj/file.txt"的内容读出，并显示在屏幕上。

程序编写如下：

```
#include"stdio.h"
main()
{
  FILE *fp;
  char ch;
  if((fp=fopen("c:/wj/file.txt","r"))==NULL)
                         /*打开file.txt文件，如果该文件不存在则提示不能打开 */
  {
  printf("file can not open! \n");
  exit(0);
  }
  ch=fgetc(fp);               /*先从fp里读出一个字符*/
  while(! feof(fp))
  {
  putchar(ch);                /*把ch中的字符显示出来*/
  ch=fgetc(fp);               /*继续通过fgetc()读取文件fp里的字符*/
  }
  fclose(fp);
}
```

程序中以只读形式打开file.txt文件，如果打开成功，就用fgetc()函数(fp为指针变量指代所指文件)从文件file.txt读取一个字符，并进入while循环。只要没有到达文件结束符，读取操作就继续。

需注意的是文件指针fp只是文件的标识，并不能用它来控制文件的具体读写。C语言是通过一个"文件内部指针"来自动管理读写操作的。利用函数fgetc()读取一个字节后，文件内部指针就会自动后移，指到下一个要读取的字节位置处。用户不用去自己调整这个内部指针。

3. fread()函数

用fgetc()函数可以用来读写文件中的一个字符，但是常常要求一次读入一组数据(如，一个实数或一个结构体变量的值)。ANSI C标准提出设置fread()函数用来读一个数据块。其一般调用形式为

```
fread(buffer,size,count,fp);
```

其中：

buffer：是一个指针，它是读入数据的存放地址。

size：要读的字节数。

count：要进行读多少个 size 字节的数据项。

fp：文件型指针。

如果文件以二进制形式打开，用 fread()函数就可以读写任何类型的信息。如：

```
fread(bf,4,3,fp);
```

其中 bf 是一个实型数组名。一个实型变量占 4 个字节。这个函数从 fp 所指向的文件读入 3 次(每次 4 个字节)数据，存储到数组 bf 中。

如果有一个如下的结构体类型：

```
struct student_data
 {char  name[8];
  int  number;
  int  age;
  char address[20];
 }stu [30];
```

结构体数组 stu 有 30 个元素，每一个元素用来存放一个学生的数据(包括姓名、学号、年龄、地址)。

假设学生的数据已存放在磁盘文件中，可以用下面的 for 语句和 fread()函数读入 30 个学生的数据：

```
for(i=0;i<30;i++)
fread(&stud[i],sizeof(struct student_data),1,fp);
```

如果 fread()函数调用成功，则函数返回值为 count 的值，即文件输出(或内存读入)数据项的完整个数。

例 11-2 将一个已存有学生数据的磁盘文件“student.txt”中的内容读出，并显示在屏幕上。

程序编写如下：

```
#include "stdio.h"
#define SIZE 5
struct student_data
 {char  name[8];
  int  number;
  int  age;
  char address[20];
 }stu[SIZE];
main()
{
```

```
  int i;
  FILE  *fp;
  if((fp=fopen("student.txt","rb"))==NULL)
    {
      printf("cannot open file\n");
      exit(0);
    }
  for(i=0;i<SIZE;i++)
    { fread(&stu[i],sizeof(struct student_data),1,fp);
      printf(" %-8s %5d %5d %-8s\n",stu[i].name,stu[i].number,stu[i].
age,stu[i].address);
    }
  fclose(fp);
}
```

程序运行时不需从键盘输入任何数据。屏幕上显示出相关信息。

在程序运行中,用 fread()函数从“student.txt”文件向内存读入数据,如果文件以前就是用“wb”方式(即二进制方式)写入数据的,它不发生字符转换,此时就应用“rb”方式(即二进制方式)读出数据,数据按原样输入内存中,同样不让其发生字符转换。因为用 printf 函数输出到屏幕,printf 是格式输出函数,输出 ASCII 码,在屏幕上显示字符。换行符将转换为回车加换行符。而之前将 5 个学生的信息从键盘输入时,其数据是 ASCII 码(文本文件)。在送到计算机内存时,回车和换行符会转换成一个换行符。通过一写一读,其中转换数据刚好还原。如果企图从“student.txt”文件中以“r”方式读入数据(其转换不对称)就会出错。

fread()函数一般用于二进制文件的输出。因为它是按数据块的长度来处理输出的,在字符发生转换的情况下,很可能出现与原设想的情况不同的现象。

例如,如果写 fread(&stu [i],sizeof(struct student_data),1,stdin);

企图从终端键盘输入数据,这在语法上并不存在错误,编译能通过。如果用以下形式输入数据:

```
Wang 2005  18  room-3-101
```

由于 fread 函数要求一次输入 32 个字节(而不问这些字节的内容),因此输入数据中的空格也作为输入数据而不作为数据间的分隔符了,连空格也存储到 stud[i]中了,这样就会出现问题。

例 11-3 如果现有一个磁盘文件“student.data”其数据是以二进制形式存储的,现要求从“student.data”文件中读入数据到内存,可以编写一个 copyfile 函数,从磁盘文件中读二进制数据。其函数编写如下:

```
void copyfile(      )
{FILE *fp;
 int i;
 if((fp=fopen("student.data ","rb"))==NULL)
```

```
{printf("cannot open infile\n");
return;
}
for(i=0;i<SIZE;i++)
if(fread(&stu[i],sizeof(struct student_data),1,fp)! =1)
{ if(feof(fp))
  {
    fclose(fp);
    return;
  }
  printf("file read error\n");
}
fclose(fp);
}
```

4. fscanf()函数

fscanf()函数与scanf()函数作用相仿,都是格式化读函数。只有一点不同:fscanf()函数的读出对象不是终端而是磁盘文件。它的一般调用方式为fscanf(文件指针,格式字符串,输入列表);例如:

```
fscanf(fp,"%d,%f",&a,&b);
```

fscanf()函数把fp所指磁盘文件(已打开),把其中的数据按"格式字符串"里给出的格式说明("%"开头)如"%d,%f",读到"输入列表"所列出的变量地址如&a,&b中去。在函数得到正确执行后,返回从文件中读出的数值个数,否则返回EOF(-1)。

fscanf()函数可以从文件中读入ASCII字符,如果磁盘文件上有字符:4,5.3运行该函数后,则将磁盘文件中的数据4送给变量a,5.3送给变量b。

用fscanf()函数对磁盘文件进行读出,使用方便,容易理解,但对文件进行读出(即对内存输入)时,要将二进制形式转换成字符,花费时间比较多。因此,在内存与磁盘频繁交换数据的情况下,最好不用fscanf()函数,而用fread()函数。

例11-4 编写一个程序,把文件"d:/turboc2/liu.data"中的数据用fscanf()函数读到数组str[ ]中并将其结果显示在显示屏上。

程序编写如下:

```
#include "stdio.h"
main()
{
  FILE *fp;
  float str[4];
  int i;
  if((fp=fopen("d:/turboc2/liu.data","r"))==NULL)
  {
```

```
    printf("file can not open! \n");
    exit(0);
  }
  for(i=0;i<4;i++)
  fscanf(fp,"%f\n",&str[i]);
  fclose(fp);
  for(i=0;i<4;i++)
  printf("str[%d]=%8.2f\n",i,str[i]);
  printf("\n");
}
```

5. fgets()函数

fgets()函数的作用是从指定文件读出(向内存输入)一个字符串。它的调用方式为

```
fgets(接收输入的字符型指针,输入字符个数,文件指针名);
```

如:

```
fgets(str,m,fp);
```

其中接收输入的字符型指针 str 是一个字符型指针,指向放字符串的存储区,也可以是一个字符数组名(把读出的字符串存入在其里面)。m 为要求得到的字符个数,需注意的是在读取时只从 fp 指向的文件读出 n－1 个字符,再在其最后加一个字符串结束符"\0",一起存入接收输入的字符型指针 str 指定的存储区,因此最终得到的字符串共有 n 个字符。如果在读完 n－1 个字符之前遇到换行符或 EOF,读入即结束。fgets()函数执行正确时,其返回值为 str 的首地址,否则返回 NULL。

fgets()函数以前介绍过的 gets()函数,只是 fgets 函数以指定的文件作为读写对象。

例 11－5　将文件"d:/turboc2/liu.txt"中存有的字符串读入数组 str 中,并将它显示在显示屏上。

程序编写如下:

```
#include "stdio.h"
main()
{
  FILE *fp;
  char str[60];
  int i;
  if((fp=fopen("d:/turboc2/liu.txt","r"))==NULL)
  {
    printf("file can not open! \n");
    exit(0);
  }
  fgets(str,60,fp);             /*把文件中的字符串读入到str数组中*/
  fclose(fp);
```

```
  fputs(str,stdout);        /* 把 str 数组中的内容写入标准输出文件 stdout
                               中,并在屏幕上将其显示出来 */
  printf("\n");
}
```

11.3.4 文件写函数

1. fputc()函数

fputc()函数的作用是把一个字符写到磁盘文件上去。其一般调用形式为:

```
fputc(ch,fp);
```

其中 ch 是要写入文件的字符,它可以是一个字符常量,也可以是一个字符变量。fp 是文件指针变量。fputc(ch,fp)函数的作用是将字符(ch 的值)输出到 fp 所指向的文件中去。fputc 函数也带回一个值:如果输出成功,则返回值就是输出的字符;如果输出失败,则返回一个 EOF(−1)。

例 11-6 编写一个程序,从键盘上输入一个字符串,利用写字符 fputc()函数,将其存到文件"c:/wj/file.txt"中。

程序编写如下:

```
#include"stdio.h"
main()
{
  FILE *fp;
  int i;
  char str[80];
  if((fp=fopen("c:/wj/file.txt","w"))==NULL)
  {
    printf("file can not open! \n");
    exit(0);
  }
  gets(str);
  for(i=0;str[i];i++)
    fputc(str[i],fp);
  fclose(fp);
}
```

程序中用前面已学的 gets()函数来接收键盘输入,用 fputc()函数把数组 str 中的字符一个个往 fp 所指文件中写入。由于输入时,字符串的最后会有一个字符串结束符"\0",循环中就是借助它来控制循环的,只要 str[i]中的 ASCII 码值不为 0,循环就继续下去。

需要说明的是利用函数 fputc()写入一个字节后,控制文件具体读写的文件内部指针也会自动后移,指到下一个要写入的字节位置处。用户不用去自己调整这个内部指针。

我们曾在前面章节中学过 putchar()函数,其实 putchar()函数是从 fputc()函数派生出来的。putchar(c)是在 stdio. h 文件中用预处理命令#define 定义的宏：

```
#define  putchar(c)  fputc((c),stdout)
```

stdout 是系统定义的文件指针变量，它与终端输出相连。fputc(c,stdout)的作用是将 c 的值输出到终端。用宏 putchar(c)比写 fputc(c,stdout)简单一些。

最后说明一点，为了书写方便，系统把 fputc 和 fgetc 定义为宏名 putc 和 getc：

```
#define putc(ch,fp) fputc(ch,fp)
#define getc(fp) fgetc(fp)
```

因此，用 putc 和 fputc 及用 getc 和 fgetc 是一样的。一般可以把它们作为相同的函数来对待。

2. fwrite()函数

对于要求一次读入一组数据（例如，一个实数或一个结构体变量的值）这种情况，ANSI C标准提出设置了函数 fwrite()用来写一个数据块。fwrite()函数常与 fread()函数在一起使用，对文件中的数据块进行读写操作。fwrite()函数一般调用形式为：

```
fwrite(buffer,size,count,fp);
```

其中：

buffer 是一个指针，是要输出数据的地址（以上指的是起始地址）。

size 是要读写的字节数。

count 是要进行读写多少个 size 字节的数据项。

fp 是文件型指针。

同 fread()函数一样，当文件以二进制形式打开，用 fwrite()函数就可以读写任何类型的信息，如：

```
fwrite(bf,4,3,fp);
```

假设 bf 是一个实型数组名。一个实型变量占 4 个字节。那么这个 fwrite()函数向 fp 所指向的文件写入 3 次（每次 4 个字节）数据，存储到数组 bf 中。

如果有一个如下的结构体类型：

```
struct  student-type
{ char name[8];
  int num;
    int age;
    char  addr[20];
  }stud[30];
```

结构体数组 stud 有 30 个元素，每一个元素用来存放一个学生的数据（包括姓名、学号、年龄、地址）。

可以用以下 for 语句和 fwrite 函数将内存中的学生数据输出到磁盘文件中去：

```
for(i=0;i<30,i++)
fwrite(&stud[i],sizeof(struct student-type),1,fp);
```

如果 fwrite()调用成功，则函数返回值为 count 的值，即写入（或内存输出）数据项的完整个数。

下面写出一个完整的程序。

例 11－7　从键盘输入5个学生的有关数据，然后把它们转存到磁盘文件上去。

程序编写如下：

```
#include "stdio.h"
#define SIZE 5
struct student_data
{ char name[8];
  int number;
  int age;
  char address[20];
}stu[SIZE];
void savefile()
{ FILE  *fp;
  int  i;
  if((fp=fopen("student.txt","wb"))==NULL)
  {  printf("cannot open file\n");
     return;
  }
  for(i=0;i<SIZE;i++)
  if(fwrite(&stu[i],sizeof(struct student_data),1,fp)! =1)
  printf("file write error\n");
  fclose(fp);
}
main()
{
  int  i;
  for(i=0;i<SIZE;i++)
  scanf("%s%d%d%s",stu[i].name,&stu[i].number,&stu[i].age,stu[i].
address);
  savefile();
}
```

在main函数中，从终端键盘输入5个学生的数据，然后调用savefile()函数，将这些数据输出到以“student.txt”命名的磁盘文件中。fwrite函数的作用是将一个长度为32字节的数据块送到“student.txt”文件中(一个student_data类型结构体变量的长度为它的成员长度之和，即8+2+2+20=32)。运行情况如下：

输入5个学生的姓名、学号、年龄和地址：

```
liu  09001  19  room101
li    09002  18  room102
ma 09003  20 room103
```

```
chen   09004   21   room105
ding   09005 17 room104
```

在运行程序时,需注意输入数据的状况。从键盘输入5个学生的数据是ASCII码(文本文件)。在送到计算机内存时,回车和换行符转换成一个换行符。再从内存以“wb”方式(二进制写)输出到“student.txt”文件,此时不发生字符转换,按内存中存储形式原样输出到磁盘文件上。

fwrite()函数一般用于二进制文件的输入。它也是按数据块的长度来处理输入的,如果有字符转换情况就需注意,这很有可能会出现与原设想的情况不同的结果。

在此需要说明的是ANSI C提供的fwrite()函数,写入任何类型数据都是十分方便的。如果所用的C语言系统不提供这个函数,用户可以自己定义所需函数。例如,可以定义一个向磁盘文件写一个实数(用二进制方式)的函数savefloat:

```
savefloat(float num,FILE *fp)
{char str;
int i;
 str=(char *)&num;
 for(i=0;i<4;i++)
  putc(str[i],fp);
}
```

同样可以编写出读写任何类型数据的函数。

3. fprintf()函数

fprintf()函数与printf()函数作用相仿,都是格式化读写函数。只有一点不同:fprintf()函数的写入对象不是终端而是磁盘文件。它们的一般调用方式为fprintf(文件指针,格式字符串,输出表列);例如:

```
fprintf(fp,"%d,%f",a,b);
```

它的作用是把“输入列表”所列出的变量值如a,b按“格式字符串”里给出的格式说明(“%”开头)如"%d,%f",写入到fp所指磁盘文件(已打开)中。在该函数得到正确执行后,返回从文件中写入的数值个数,否则返回EOF(-1)。

如果a=3,b=5.3,则输出到磁盘文件上的是以下的字符串:

```
3,5.30
```

用fprintf对磁盘文件写入,使用比较方便,但由于在写入文件(即从内存输出)时要将二进制形式转换成字符,花费时间比较多。因此,在内存与磁盘频繁交换数据的情况下,最好不用fprintf()函数而用fwrite()函数。

例11-8 编写一个程序,把输入的数据存入一个数组中,然后利用fprintf()函数将数组元素写入文件"d:/turboc2/liu.data"中。

程序编写如下:

```
#include "stdio.h"
main()
{
```

```
  FILE *fp;
  float str[4];
  int i;
  printf("please enter 4 float numbers:");
  for(i=0;i<4;i++)
  scanf("%f",&str[i]); /* &str[i]也可写成(str+i) */
  if((fp=fopen("d:/turboc2/liu.data","w"))==NULL)
  {
    printf("file can not open! \n");
    exit(0);
  }
  for(i=0;i<4;i++)
  fprintf(fp,"%8.2f\n",str[i]);
  fclose(fp);
  printf("\n");
}
```

4. fputs()函数

fputs()函数的作用是向指定的文件写入(从内存输出)一个字符串。其调用方式为:

fputs(要写入的字符串,文件名)

如:

```
fputs("Wuhan",fp);
```

把字符串"Wuhan"写入到 fp 指向的文件。fputs()函数中第一个参数可以是字符串常量、字符数组名或字符型指针。字符串末尾的"\0"不输出。若输出成功,函数值为 0;失败时,为 EOF。

此函数类似 puts 函数,只是 fputs 函数以指定的文件作为读写对象。

例 11-9 从键盘输入一个字符串,暂时存放在一个数组 str 中,然后利用 fputs()函数,把它存入文件"d:/turboc2/liu.txt"中。

程序编写如下:

```
#include "stdio.h"
main()
{
  FILE *fp;
  char str[60]; /*此句中 str[60]也可用字符指针 *str 代替 */
  int i;
  gets(str);
  if((fp=fopen("d:/turboc2/liu.txt","w"))==NULL)
  {
    printf("file can not open! \n");
```

```
    exit(0);
  }
  fputs(str,fp);/ * 如果上面 str[60]被字符指针 * str 代替,那此句中的 str 将不再是数组而是字符型指针 * /
  fclose(fp);
}
```

11.4　文件的定位函数

文件中有一个读写位置指针,指向当前的读写位置。每次读写1个(或1组)数据后,系统自动将位置指针移动指向下一个读写位置上。如果想改变这样的规律,强制使位置指针指向其他指定的位置,可以用有关函数。

11.4.1　rewind()函数

rewind 函数的作用是使位置指针重新返回文件的开头。此函数没有返回值。

例 11-10　有一个磁盘文件,第一次将它的内容显示在屏幕上,第二次把它复制到另一文件中。

程序编写如下:

```
#include"stdio.h"
main()
{ FILE  * fp1, * fp2;
  if((fp1=fopen("student0.txt","r"))==NULL)
    {
     printf("cannot open file\n");
     exit(0);
    }
  if((fp2=fopen("student1.txt","w"))==NULL)
  {
     printf("cannot open file\n");
     exit(0);
  }
while(! feof(fp1))putchar(getc(fp1));
  rewind(fp1);
  while(! feof(fp1))putc(getc(fp1),fp2);
  fclose(fp1);
  fclose(fp2);
```

```
  printf("\n");
}
```

在第一次将文件的内容显示在屏幕以后，文件"student0.txt"的位置指针已指到文件末尾，feof的值为非0(真)。执行rewind函数，使文件的位置指针重新定位于文件开头，并使feof函数的值恢复为0(假)。

11.4.2　fseek()函数和随机读写

对流式文件可以进行顺序读写，也可以进行随机读写。关键在于控制文件的位置指针，如果位置指针是按字节位置顺序移动的，就是顺序读写。如果能将位置指针按需要移动到任意位置，就可以实现随机读写。所谓随机读写，是指读写完上一个字符(字节)后，并不一定要读写其后续的字符(字节)，而可以读写文件中任意所需的字符(字节)。

用fseek函数可以实现改变文件的位置指针。fseek函数的调用形式为：

```
fseek （文件类型指针,位移量,起始点）
```

“起始点”用0、1或2代替，0代表“文件开始”，1为“当前位置”，2为“文件末尾”。其ANSI C标准指定的相关名字分别为：SEEK_SET、SEEK_CUR、SEEK_END。

“位移量”指以“起始点”为基点，向前移动的字节数。ANSI C和大多数C程序版本要求位移量是long型数据。这样当文件的长度大于64k时不致出问题。ANSI C标准规定在数字的末尾加一个字母L，就表示是long型。

下面是fseek函数调用的几个例子：

fseek(fp,80L,0)；将位置指针移到离文件头80个字节处。

fseek(fp,20L,1)；将位置指针移到离当前位置20个字节处。

fseek(fp,－5L,2)；将位置指针从文件末尾处后退5个字节。

利用fseek函数实现随机读写如下例。

例11－11　在磁盘文件上存有8个学生的数据。要求将第2、4、6、8个学生的数据输入计算机，并在屏幕上显示出来。

程序编写如下：

```
#include"stdio.h"
struct student_data
{ char name[8];
  int number;
  int age;
  char sex;
}stu[8];
main()
{
  int i;
  FILE *fp;
  if((fp=fopen("student.txt","rb"))==NULL)
```

```
    { printf("can not open file\n");
      exit(0);
    }
  for(i=1;i<8;+=2)
  {
    fseek(fp,i * sizeof(struct student_data),0);
    fread(&stu[i],sizeof(struct student_data),1,fp);
    printf(" %s %d %d %c\n",stu[i].name,stu[i].number,stu[i].age,stu[i].
sex);
  }
    fclose(fp);
}
```

11.5 文件出错检测函数

C标准提供一些函数用来检查输入输出函数调用中的错误。

11.5.1 ferror()函数

在调用各种输入输出函数(如 putc、getc、fread、fwrite 等)时,如果出现错误,除了函数返回值有所反映外,还可以用 ferror 函数检查。

它的一般调用形式为 ferror(fp);

其中参数文件指针 fp 为被测试文件,ferror()函数用来对该文件所做的最近一次操作进行正确性测试。如果 ferror 返回值为 0(假),表示未出错。如果返回一个非 0 值,表示出错。应该注意,对同一个文件每一次调用输入输出函数,均产生一个新的 ferror 函数值,因此,应当在调用一个输入输出函数后立即检查 ferror 函数的值,否则信息会丢失。在执行 fopen 函数时,ferror 函数的初始值自动置为 0。我们可以编写一个通用的出错处理函数 errp()函数,供其他函数调用:

```
void errp(FILE * fp)
{
  if(ferror(fp)! =0)
  {
    printf("file operate be defeated! \n");        /* 操作失败,终止运行。 */
    exit(0);
  }
  else
    return;                                /* 操作成功,返回继续运行。 */
}
```

例 11-12 编写一个程序,接收从键盘输入的一个字符串、一个实数、一个整数,随即将其存入"d:/turboc2/liu.data"文件中。程序中文件操作需错误码测试。

程序编写如下:

```
#include "stdio.h"
void errp(FILE *fp)
{
  if(ferror(fp)! =0)
  {
    printf("file operate be defeated! \n");
    exit(0);
  }
  else
    return;
}
main()
{
  FILE *fp;
  char str[8];
  float x;
  int i;
  fp=fopen("d:/turboc2/liu.data","w");
  errp(fp);                        /*调用函数 errp(),进行错误测试。*/
  printf("Please enter a string,float,integer:\n");
  fscanf(stdin,"%s%f%d",str,&x,&i);
                                  /*从标准输入文件 stdin(键盘)输入 3 个数据。*/
  errp(fp);                        /*调用函数 errp(),进行错误测试。*/
  fprintf(fp,"%s%f%d",str,x,i);
  errp(fp);                        /*调用函数 errp(),进行错误测试。*/
  fclose(fp;
}
```

11.5.2 clearerr()函数

它的作用是使文件错误标志和文件结束标志置为 0。假设在调用一个输入输出函数时出现错误,ferror 函数值为一个非 0 值。在调用 clearerr(fp)后,ferror(fp)的值变成 0。

只要出现错误标志,就一直保留,直到对同一文件调用 clearerr 函数或 rewind 函数,或任何其他一个输入输出函数。

11.6　小型案例

本案例中运用了文件指针类型 FILE　＊fp1 ，＊fp2、主函数参数 main(argc ，argv)、打开文件操作有无错误、判断文件当前状态是否结束 feof()函数、读字符函数 fgetc()函数、写字符函数 fputc()函数等。

问　题

检查命令行所列出的文件 test. txt 中每一行的左括号“(”及右括号“)”是否匹配，如有错误，将错误所在行数写入文件 result. txt 中。

分　析

对此问题我们要考虑的第一步，还是遵循文件操作的“三步曲”，首先打开两文件 test. txt 及 result. txt；再次就是对被测文件 test. txt 中的左右括号，逐行计数比较，直到读完该文件为止，将左右括号不对称的行数数据写入文件 result. txt 中(即对文件读写)；然后关闭两个文件。

具体实现步骤为：将涉及的两个文件 test. txt 及 result. txt 在提示下打开，并判断文件打开是否出错。在文件正常打开后，运用嵌套的 while()循环语言判断 test. txt 是否到了文件尾，并对同一行中的左括号“(”和右括号“)”分别用变量 i 和 j 计数并进行比较将比较结果用变量 sign 来标注，将相关行数用变量 line 取数，将不对称行数进行数值与相应字符转换后，再将其写入 result. txt 文件中，如果 test. tx 文件全文所有行左右括号对称则输出“success!”，最后关闭文件 test. txt 及 result. txt。

其程序如下：

```
#include "stdio.h"
main(argc , argv)
int argc ;
char *argv[ ] ;
{
  FILE  *test , *result ;
  int  i , j , line , sign , x ;
  char  ch ;
  if(argc<2)
    {
     printf("notice:you should enter filename! \n");
                                              /* 提示输入文件名。*/
     printf("usage: executable file  test file \n");
                                       /* 提示输入文件名的正确格式。*/
     exit(0);
    }
```

```
if((test=fopen(argv[1] , "r"))==NULL)     /* 打开文件 test.txt 并判断文
                                            件打开是否正常。*/
  {
   printf("cannot open test file\n");  /* 如果打开文件出错,显示打开出错。*/
   exit(0);
  }
  if((result=fopen("result.txt" , "w"))==NULL)
                       /* 打开文件 result.txt 并判断文件打开是否正常。*/
  {
   printf("cannot open result file\n");/* 如果打开文件出错,显示打开出错。*/
   exit(0);
  }
line=0 ;         /* 预置行数值。*/
sign=1 ;         /* 预置左右括号对称标注值。*/
while(! feof(test))
{
  line++ ;
  i=0 ;
  j=0 ;
  ch=fgetc(test);
  while((! feof(test))&&(ch! ='\n'))       /* 计算一行中的左右括号数。*/
   {
    if(ch==40) i++ ;
    if(ch==41) j++ ;
    ch=fgetc(test);
  }
  if(i! =j)              /* 判断一行中的左右括号数是否相等。*/
  {
     sign=0 ;
     ch=line ;
     x=line ;
    while(ch! =0)
      {
        i=0 ;
        while(ch>9)        /* 对行数数值从最高位依次取值,每次只取一位,
                              并记下其整除后的指数倍数。*/
          {
            ch=ch/10 ;
            i++ ;
```

```
            }
            fputc(ch+48 , result);  /* 对行数数值从最高位依次转换为字符写
                                       入 result 所指的文件(即 result.txt)
                                       中,每次只写入一位。*/
            for(j=0 ; j<i ; j++)
                ch=ch*10 ;    /*  通过其指数倍数原还取刚才取值。*/
            ch=x-ch ;        /*  计算好下一取值。*/
            x=ch ;
        }
        fputc('\n' ,result);  /* 某一行数数值字符写入完后,进行换行,写下
一行数。*/
      }
    }
  if(sign)
  printf("success!");
  fclose(test);
  fclose(result);
}
```

其运行结果为:

(1) 如果 test.txt 文件中每一行中的左右括号对称数目相同则输出显示"success!";

(2) 如果不同,将不同的行数数字写入 result.txt 文件中。

为增强程序的人机交互性,需要用户输入数据的地方,设置提示输入的信息。为增强程序的可靠性,提示用户输入及出错信息,并终止程序运行。

在 DOS 命令工作方式下,在键入可执行文件名 wj 后,再输入参数 test.txt。argv[0]的内容为可执行文件名(即该程序编译后扩展名为.exe 文件)。argv[1]的内容为 test.txt。argc 的值等于 2(因为此命令行共有 2 个参数)。如果输入的参数少于 2 个,则程序会输出提示需输入文件名并告之正确输入方式。

11.7 小 结

在实际使用的 C 程序中都包含有文件处理。本章只介绍一些最基本的 C 程序文件处理,现将本章文件处理的相关函数作一概括性小结,列出了常用的缓冲文件系统函数(见表 11-2),此表一目了然而便于查阅。

表 11-2 常用的缓冲文件系统函数

分 类	函数名	功 能
文件打开关闭	fopen( )	打开文件
	fclose( )	关闭文件

(续表)

分　类	函数名	功　能
文件读写	fgetc( ),getc( )	从指定的文件取得一个字符
	fputc( ),putc( )	把字符输出到指定文件
	fgets( )	从指定文件读取字符串
	fputs( )	把字符串输出到指定文件
	getw( )	从指定文件读取一个字(int 型)
	putw ( )	把一个字(int 型)输出到指定文件
	fread( )	从指定文件中读取数据项
	fwrite( )	把数据项写到指定文件
	fscanf( )	从指定文件按格式输入数据
	fprintf( )	按指定格式将数据写到指定文件中
文件定位	fseek( )	改变文件位置的指针位置
	rewind( )	使文件位置指针重新置于文件开头
	ftell( )	返回文件位置指针的当前值
文件状态	feof( )	若到文件末尾,函数值为“真”(非 0)
	ferror( )	若对文件操作出错,函数值为“真”(非 0)
	clearerr( )	使和函数值置零

在对文件进行操作处理时要记住其“三步曲”,即打开文件——对文件中数据存取——关闭文件。

文件操作的函数有:(1) 文件的打开与关闭函数;(2) 文件的读写函数;(3) 文件的定位与文件状态函数。

在对文件进行操作处理时极易犯的错误:(1) 文件的打开与文件关闭数不对称;(2) 文件的打开方式与文件的存取方式不一致;(3) 读取文件数据时所用的格式与文件实际数据格式不符;(4) 对文件的读写函数的意义不明确;(5) fseek()函数的位移量要求是长整型,ftell()函数的返回值是长整型数据,注意数据类型的匹配问题。

习　　题

一、选择题

1. 若要打开 D 盘上 user 子目录下名为 test. txt 的文本文件进行读、写操作,下面符合要求的函数调用是(　　)。

A. fopen("D:\user\test.txt","r")　　B. fopen("D:\\ser\\est.txt","r+")

C. fopen("D:/uer/est.txt","rb")　　D. fopen("D:\user\test.txt","w")

2. 在文件打开模式中,字符串"rb"的含义是(　　)。

A. 打开一个文本文件,只能写入数据

B. 打开一个已存在的二进制文件,只能读取数据

C. 打开一个已存在的文本文件,只能读取数据

D. 打开一个已存在的二进制文件,只能写入数据

3. 以下程序试图把从终端输入的字符输出到"d:/turboc2/liu.data"文件中,直到从终端读入字符"#"号时结束输入和输出操作,但程序有错。

```
#include "stdio.h"
main()
{
  FILE *fp;
  char ch;
  fp=fopen('d:/turboc2/liu.data', 'w');
  ch=fgetc(stdin);
  while(ch! ='#')
  {
    fputc(ch,fp);
    ch=fgetc(stdin);
  }
  fclose(fp);
}
```

出错原因是(　　)。

A. fopen()函数调用形式有误

B. 输入文件没有关闭

C. fgetc()函数调用形式有误

D. 文件指针 stdin 没有定义

4. 有如下程序:

```
#include "stdio.h"
main()
{ FILE *fp;
  fp=fopen("d:/turboc2/liu.txt","w");
  fprintf(fp,"thank you!");
  fclose(fp);
}
```

若文本文件 liu.txt 中原有内容为"good!",内运行以上程序后,文件 liu.txt 中的内容为(　　)。

A. good! thank you!

B. good! fp

C. thank you!

D. thank you! good!

5. 若某文件的文件指针为 fp,其内部指针现在已指向文件尾,那么函数 feof(fp)的返回值是(　　)。

A. 0

B. −1

C. NULL

D. 非零值

6. 下面语句中,把变量 fpr 说明为一个文件型指针的是(　　)。

A. FILE *fpr　　B. FILE fpr

C. file *fpr　　D. file fpr

7. 读取文件中的单个字符,应该使用函数(　　)。

A. fread()　　B. gets()

C. fgetc()　　D. fgets()

8. 如果要把文件中的一个学生记录(包括学号、姓名、年龄、班级、住址)读到内存中相应的结构型变量中,那么最好使用函数(　　)。

A. fgets()　　B. fscanf()

C. fgetc()　　D. fread()

二、填空题

1. 所谓"文件",是指存储在外部设备上的,以唯一名字作为标识的________集合。

2. C语言里把进行输入/输出的终端设备视为文件,称它们为____________________。

3. 在C语言里,称指向FILE型结构变量的指针为____________,它对文件的使用起到极其重要的作用。

4. 程序运行时,系统会自动打开标准输出设备文件。该文件的指针是________。

5. FILE *p 把变量 p 说明为一个文件指针。这里用到的"FILE",是在________头文件里定义的。

三、编程题

1. 从键盘输入一个字符串,将其中的小写字母全部转换成大写字母,然后输出到一个磁盘文件"d:/turboc2/file.txt"中保存。输入的字符串以输入回车键结束。

2. 有两个磁盘文件"d:/turboc2/file1.txt"和"d:/turboc2/file1.txt",各存放一行字母,今要求把这两个文件中的信息合并,输出到一个新文件"d:/turboc2/file1.txt"中去。

3. 有4个学生,每个学生有三门课的成绩,从键盘输入以上数据(包括学生号、姓名、三门课成绩),计算出平均成绩,将原有数据和计算出的平均分数存放在磁盘文件"d:/turboc2/student.data"中。

第12章　位运算

C语言是为研制系统软件而设计的，因此它既具有高级语言的特点，又具有低级语言的功能。为了节省内存空间，在系统软件中常将多个标志状态简单地组合在一起，存储到一个字节(或字)中。C语言也提供了实现将标志状态从标志字节中分离出来的位运算功能。

所谓位运算是指按二进制位进行的运算。在系统软件中，常要处理二进位的问题。例如，将一个存储单元中的各二进位左移或右移一位，两个数按位相加等。C语言提供了位运算的功能，适合编写系统软件的需要。

12.1　位的运算

C语言提供如表12-1所列出的位运算符。

表12-1　运算符使用格式

运算符	名称	使用格式	运算符	名称	使用格式
&	按位与	表达式1&表达式2	～	按位取反	～表达式
|	按位或	表达式1|表达式2	≪	按位左移	表达式1≪表达式2
∧	按位异或	表达式1∧表达式2	≫	按位右移	表达式1≫表达式2

说明：

(1) 位运算符中除位取反以外，均为双目运算符，即运算符两侧各有一个表达式(运算量)。

(2) 表达式1、2都只能是整型或字符型数据。

(3) 参与运算时，表达式1、2都必须首先转换成二进制形式，然后再执行相应的按位运算。

12.1.1　“按位与”运算符(&)

参加运算的两个数据，按二进位进行“与”运算。如果两个相应的二进位都为1，则该位的结果值为1，否则为0，其运算如下：

0&0=0；0&1=0；1&0=0；1&1=1。

例如：9&7=1

```
   9=00001001
&  7=00000111
   ----------
     00000001
```

如果参加 & 运算的是负数(如－9 & －7)，则以补码形式表示为二进制数，然后按位进行“与”运算。[在计算机系统中，数值一律用补码表示(存储)]

按位与的主要用途：

1. 清零

如果想将一个单元清零，使其全部二进位为 0，只要找一个与原来数中为 1 的位相对应位为 0 的二进制数，再使其两者进行 & 运算，即可达到清零目的。

如：原数为 01100011，另找一个数，设它为 00011100，它符合以上条件，即在原数为 1 的位置上，它的位值均为 0。将两个数进行 & 运算：

```
   0 1 1 0 0 0 1 1
&  0 0 0 1 1 1 0 0
------------------
   0 0 0 0 0 0 0 0
```

此例在选数时，灵活多变，并非只有 00011100 这一个数可行，如 10000000 也可以，只要符合上述条件即可。

2. 取(或保留)1 个数的某(些)位，其余各位置 0

取一个数中某些指定位。只要找一个与原数中要取的指定位所相对应位为 1，其余位为 0 的二进制数，再使其两者进行 & 运算，即取出指定位。

如：原数为 01101011，想取低四位，即找一个在原数低四位相对应位为 1，其余位为 0 的二进制数，将两个数进行 & 运算，其结果如下：

```
   0 1 1 0 1 0 1 1
&  0 0 0 0 1 1 1 1
------------------
   0 0 0 0 1 0 1 1
```

12.1.2　“按位或”运算符(|)

两个相应的二进位中只要有一个为 1，该位的结果值为 1。也就是对应位均为 0 时才为 0。其运算如下：

0|0=0；0|1=1；1|0=1；1|1=1。

例如：9|7=F

```
   9 = 0 0 0 0 1 0 0 1
|  7 = 0 0 0 0 0 1 1 1
----------------------
       0 0 0 0 1 1 1 1
```

按位或运算的主要用途：将一个数的某(些)位置 1，其余各位不变。

如：原数为 01100000，想将此数低四位置 1，其余位保留原样。这只需找一个在原数低四位相对应位为 1，其余位为 0 的二进制数，将两个数进行|运算即可，其结果如下：

```
   0 1 1 0 0 0 0 0
|  0 0 0 0 1 1 1 1
------------------
   0 1 1 0 1 1 1 1
```

12.1.3 “异或”运算符(∧)

异或运算的规则是:若参加运算的两个二进位相同,则结果为0(假);不同则为1(真)。其运算如下:

0∧0=0;0∧1=1;1∧0=1;1∧1=0。

例如:9∧A=3

```
    0 0 0 0 1 0 0 1
 ∧  0 0 0 0 1 0 1 0
 ──────────────────
    0 0 0 0 0 0 1 1
```

异或运算的主要用途:

1. 使特定位翻转

如:原数为01001010,想使其低四位翻转,即1变为0,0变为1。可以将它与00001111进行∧运算,即

```
    0 1 0 0 1 0 1 0
 ∧  0 0 0 0 1 1 1 1
 ──────────────────
    0 0 0 0 0 1 0 1
```

通过此例可推广,使原数哪几位翻转就找一个与其对应位为1,其余位为0的二进制数,将两者进行∧运算即可。

2. 交换两个值,可不用临时变量

例如X=5,Y=7。想将X和Y的值互换,可以用以下赋值语句实现:

X=X∧Y;

Y=X∧Y;

X=Y∧X;

计算过程如下:

```
    X=0 1 0 1
 ∧  Y=0 1 1 1
 ────────────
    X=0 0 1 0(X∧Y的结果,X=2)
 ∧  Y=0 1 1 1
 ────────────
    Y=0 1 0 1(X∧Y的结果,Y=5)
 ∧  X=0 0 1 0
 ────────────
    X=0 1 1 1(X∧Y的结果,X=7)
```

即等效于:

(1) Y=(X∧Y)∧Y=X∧Y∧Y=X∧(Y∧Y)=X∧0=X

它相当于上面的前两个赋值语句:“X=X∧Y;”和“Y=Y∧X;”。(Y∧Y的结果为0。)Y得到X原来的值。

(2) X=(X∧Y∧Y)∧(X∧Y)=X∧Y∧Y∧X∧Y=X∧X∧Y∧Y∧Y=Y

它相当于上面的三个赋值语句:“X=X∧Y;”“Y= X∧Y;”和“X= Y∧X;”。

X得到Y原来的值。

12.1.4 "取反"运算符(～)

取反运算符是一个单目运算符,用来对一个二进制数按位取反,即将0变1,1变0。例如:对0111100101111001按位求反。

～ 0111100101111001

其结果为:1000011010000110

取反运算的主要用途:间接地构造一个数,以增强程序的可移植性。

若一个整数X为16位,想使最低四位都为0,可以用X=X&$(65520)_{10}$或者X=X&$(177760)_8$,$(65520)_{10}$或者$(177760)_8$都为二进制数1111111111110000,如果X的值为$(47)_{10}$的运算可以表示如下:

```
  0 0 0 0 0 0 0 0 0 0 1 0 1 1 1 1
& 1 1 1 1 1 1 1 1 1 1 1 1 0 0 0 0
----------------------------------
  0 0 0 0 0 0 0 0 0 0 1 0 0 0 0 0
```

X的最低四位都为0。如果将C源程序移植到以32位存放一个整数的计算机系统上,由于一个整数用4个字节(32位表示),想将最低四位都为0就不能用X&$(65520)_{10}$了,而是用X&$(4294967280)_{10}$。为了适应以32位存放一个整数的计算机系统,将原X=X&$(65520)_{10}$应改用X&$(4294967280)_{10}$,这样改动使移植性变差了,可以改用:

X=X&～1

它对用16位和用32位存放一个整数的情况都适用,不必作修改。因为在以2个字节(16位)存储一个整数时,1的二进制形式为0000000000000001,～1是1111111111111110。在用4个字节(32位)存储一个整数时,～1是11111111111111111111111111111110。

～运算符的优先级别比算术运算符、关系运算符、逻辑运算符和其他位运算符都高,例如:～X|Y,先进行～X运算,然后进行|运算。

12.1.5 左移运算符(≪)

用来将一个数的各二进位全部左移若干位。

例如:X=X≪4

将X的二进制数左移4位,右补0。若X=13,即二进制数为00001101,左移4位得11010000,即十进制数为208。高位左移后溢出,舍弃不起作用。

左移1位相当于该数乘以2,左移4位相当于该数乘以$2^4=16$。上面举的例子13≪4=208,即乘了16。此结论只适用于该数左移时被溢出舍弃的高位中不包含1的情况。例如,假设以一个字节(8位)存一个整数,若X为无符号整型变量,则X=32时,左移1位时溢出的是0,而左移3位时,溢出的高位中包含1,此时左移1位相当于该数乘以2的结论不再适用。左移比乘法运算快得多,有些C编译程序自动将乘2的运算用左移1位来实现,将乘2^n的幂运算处理为左移n位。

12.1.6 右移运算符(≫)

用来将一个数的各二进位全部右移若干位。移到右端的低位被舍弃,对其高位处理方式有两种情况：

1. 对无符号数和有符号中的正数，高位补0；

例如：X≫2，当X=12时：

X为00001100，X≫2为00000011

2. 有符号数中的负数，取决于所使用的系统：高位补0的称为"逻辑右移"，高位补1的称为"算术右移"。

右移1位相当于除以2，右移n位相当于除以2^n。与左移运算同理，如舍弃的低位中包含1，此时右移1位相当于该数除以2的结论不再适用。

例如：X的值为二进制数1001011100111101。

X：1001011100111101

X≫1：0100101110011110(逻辑右移)

X≫1：1100101110011110(算术右移)

在有些系统上，X≫1得二进制数0100101110011110，而在另一些系统上，可能得到的是1100101110011110。Turbo C和其他一些C编译采用的是算术位移，即对有符号数右移时，如果符号位原来为1，左面移入高位的是1。

12.1.7　位运算赋值运算符

位运算符与赋值运算符可以组成复合赋值运算符，如：&=，|=，≫=，≪=，∧=

例如：X&=Y相当于X=X&Y。X≪=1相当于：X=X≪2。

12.1.8　不同长度的数据进行位运算

如果两个数据长度不同(例如long型和int型)进行位运算时(如X&Y，而X为long型，Y为int型)，系统会将两者按右端对齐。如果Y为正数，则左侧16位补满0。若Y为负数，左端应补满1。如果Y为无符号整数型，则左侧补满0。

12.2　位　　段

在计算机的内存中，信息的存取一般以字节为单位。实际上，有时存储1个信息不必用一个或多个完整的字节，只需二进制的1个(或多个)位就够用。如果仍然使用结构类型，则造成内存空间的浪费。为此，C语言引入了位段类型。

所谓"位段"，是把1个字节中的二进位划分为几个不同的区域，并说明每个区域的位数。每个域有一个域名，允许在程序中按域名进行操作。这样就可以把几个不同的对象用1个字节的二进制位段来表示。

为了节省内存空间，我们如何向1个字节中的1个或几个二进位赋值和改变其值呢？有以下两种方法：

1. 人为地在1个字节中设几项，通过位运算对其赋值

例如：将一个占有2个字节(16位)的数据data的4—7位赋值10。首先可以人为地设

a、b、c、d 四项，它们分别占 2 位、6 位、4 位、4 位（见图 12-1）。数据 data 的 4—7 位即 c 的值。赋值步骤如下：

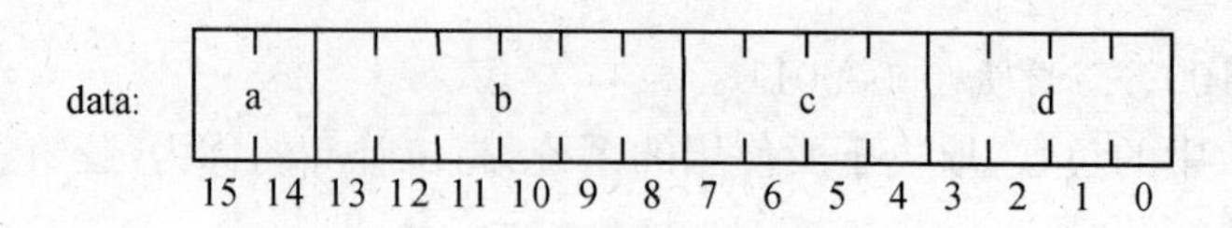

图 12-1　data 数据存储分布图

(1) 对 c 的原值清零。可以用下面方法：

data=data &(177417)$_8$

(177417)$_8$的二进制表示为：$\underset{a}{\underline{11}}\quad\underset{b}{\underline{111111}}\quad\underset{c}{\underline{0000}}\quad\underset{d}{\underline{1111}}$

通过按位与运算后，data 中的 c 值已清零。即让 data 的第 4—7 位全为 0，其他位全为 1。在运算中(177417)$_8$被称为“屏蔽字”，即它能把 c 以外的信息屏蔽起来，不受影响，只使 c 改变为 0。由于要找出和记住 177417 这个数比较麻烦，我们可以用 data=data & ～(15 ≪ 4)；15 是 c 的最大值，c 共占 4 位，最大值为 1111 即 15。15≪4 是将 1111 移到 4—7 位。再取反，就使 4—7 位变成 0，其余位全是 1。即

15：0000000000101111
15≪：0000000011110000
～(15≪4)：1111111100001111

这样可以实现对 c 值清零，而不必再计算屏蔽码。

(2) 将数 10 左移 4 位，使 1010 成为右面起第 4—7 位。

(3) 将 data 与“10≪4”进行“按位或”运算，即可使 c 的值变成 10。

将上面几步结合起来，可以得到：

data=$\underset{\text{赋予 4—7 位为 0}}{\underline{\text{data \& ～(15 ≪ 4)}}}$ | $\underset{\text{预置数定位}}{\underline{\text{(n \& 15)≪ 4}}}$

n 为应赋给 c 的值(例如 10)。(n & 15)的作用是只取 n 的最右端 4 位的值，其余各位置 0，(n & 15)≪ 4，就是将 n 的最右端 4 位的值现在置到它的 4—7 位上，即 c 对应位置。假设 data 值为 1001100101101001，见下面：

data：	10011001	0110	1001
data & ～(15≪4)：	10011001	0000	1001
(n & 15)≪4：	00000000	1010	0000
(按位或运算结果)：	10011001	1010	1001

可见，data 的其他位保留原状未改变，而第 4—7 位改变为 10(即 1010)了。

但是用以上办法给 1 个字节中某几位赋值太麻烦了。可以用位段结构体的方法。

2. 位段

C 语言允许在一个结构体中以位为单位来指定其成员所占的内存长度，这种以位为单位的成员称为“位段”。利用位段能够用较少的位数存储数据。

例如：

```
struct  liu_data
{unsigned  a：2;
```

```
        unsigned  b:6;
        unsigned  c:4;
        unsigned  d:4;
        int  i;
       }data;
```

见图12－2 liu_data数据存储分布图。其中a、b、c、d分别占2位、6位、4位、4位。i为整型。共占4个字节。

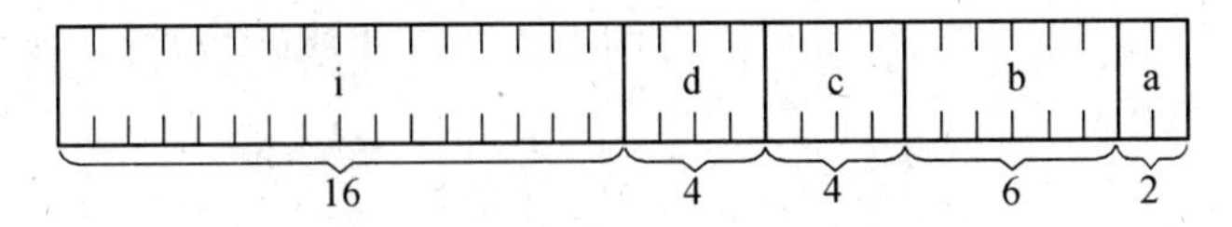

图12－2　liu－data数据存储分布图

也可以使各个位段不恰好占满1个字节。如：

```
struct  liul_data
  {unsigned  a:2;
   unsigned  b:3;
   unsigned  c:4;
   int  i;
  };
struct  liul_data  data;
```

见图12－3。其中a、b、c共占9位，占1个字节多，不到2个字节。它的后面为int型，占2个字节。在a、b、c之后7位空间闲置不用，i从另一字节开头起存放。

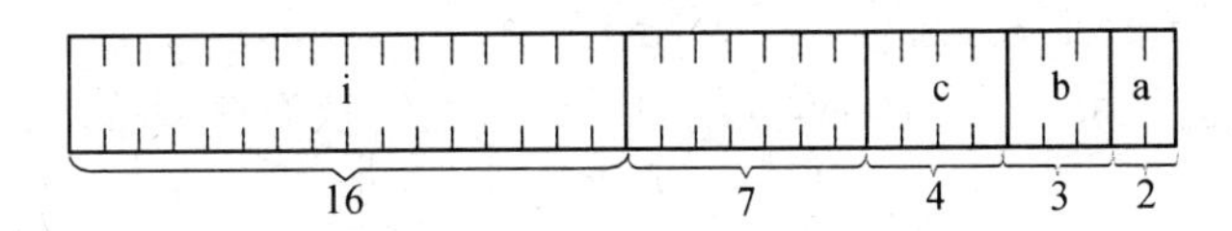

图12－3　liu1_data数据存储分布图

在存储单元中，位段的空间分配方向因机器而异。在微机使用的C系统中，一般是由右到左进行分配的。但用户可以不必过问这种细节。对位段中的数据引用的方法，如：

data.a=2；

data.b=7；

data.c=9；

注意位段允许的最大值范围。如果写data.a=8；就错了。因为data.a只占2位，最大值为3。在此情况下，自动取赋予它的数的低位。例如，8的二进制数形式为1000，而data.a只有2位，取1000的低2位，故data.a得值0。

关于位段的定义和引用，有几点要说明：

(1) 位段成员的类型必须指定为unsigned或int类型。

(2) 若某一位段要从另一个存储单元开始存放。可以用以下形式定义：

```
unsigned  a:1;  ⎫
                ⎬一个存储单元
unsigned  b:2;  ⎭
```

unsigned：0；

unsigned　c：3；　　另一个存储单元

本来 a、b、c 应连续存放在一个存储单元中，由于用了长度为 0 的位段，其作用是使下一个位段从下一个存储单元开始存放。因此，现在只将 a、b 存储在一个存储单元中，c 另存放在下一个存储单元。（上述“存储单元”通常是 1 个字节，也有可能是 2 个字节，视不同的编译系统而异。）

(3) 一个位段必须存储在同一存储单元中，不能跨两个存储单元。如果第一个存储单元空间不能容纳下一个位段，则该空间不用，而从下一个存储单元起存放该位段。

(4) 位段可以定义无名位段。其目的只用来做填充或调整位置，不能使用。

如：

unsigned　a：2；

unsigned　　：3；(此三位空间不用)

unsigned　b：4；

unsigned　c：7；

int　i；

其无名位段存储分布如图 12-4。

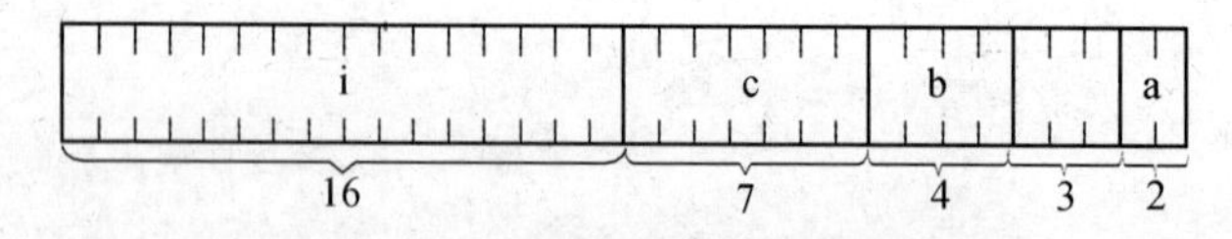

图 12-4　含无名位段存储分布图

(5) 位段的长度不能大于存储单元的长度，也不能定义位段数组。

(6) 位段可以用%d、%x、%u 和%o 等格式字符，以整数形式输出。如：

printf("%d,%d,%d",data.a,data.b,data.c)；。

(7) 在数值表达式中引用位段时，系统自动将位段转换为整型数。如：data.a+3/data.b 是合法的。

12.3　小型案例

本案例中处理了按位与、按位或、位取反、位左移、位右移等运算，并同时介绍了相应类型的数据比较判断和循环运算及按位计算的一些方法的运用。

问　题

对一无符号整数 x 进行右循环移 y 位后再取其从右端开始的 m—n 位。

分　析

此问题我们可以分为两大步来分析，第一步就是将无符号整数 x 进行右循环移 y 位。见图 12-5。

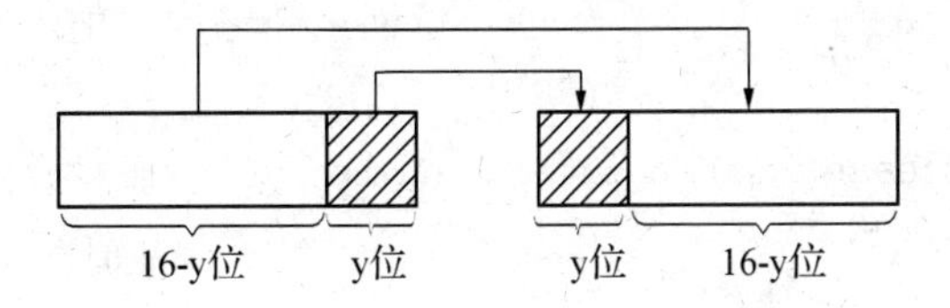

图 12-5　整数 x 右循环移 y 位示意图

无符号整数 x 右循环移 y 位后，x 中原来左面(16－y)位右移 y 位，原来右端 y 位移至最左面 y 位。现系统设用 2 个字节存放一个无符号整数。为实现以上目的，可以用以下步骤：

1. 将 x 的右端 y 位先放到另一无符号整数变量 z 中的高 y 位中。可以用下面语句实现：z＝x≪(16－y)；

2. 将 x 右移 y 位，其左面高位 y 位补 0。可用该语句实现：x＝x≫y；

3. 再将 x 与 z 进行按位或运算。即 x＝x|y。

第二步再取其从右端开始的 m—n 位，可以用以下步骤：

1. 让 x 右移 m 位。见图 12-6。图 12-6(a)是未右移时的情况，图 12-6(b)是右移 m 位后的情况。目的是使要取出的那几位即 B 部分移到最右端。

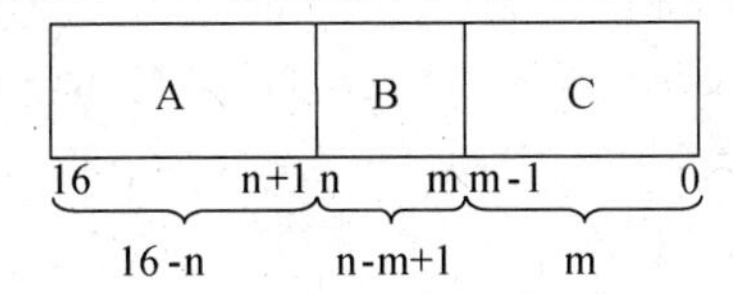

图 12-6(a)　未右移存储分布

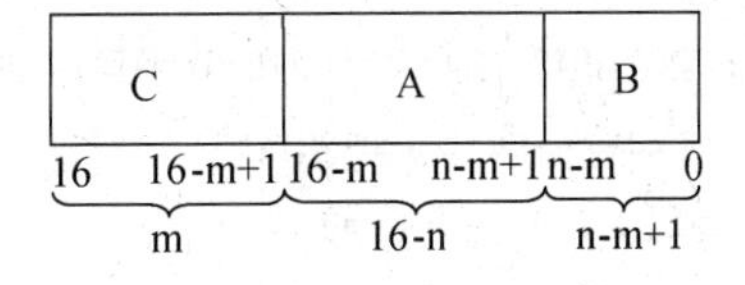

图 12-6(b)　右移后存储分布

右移到右端可以用下面方法实现：x≫ m。

2. 设置一个低(n－m＋1)位全为 1，其余全为 0 的数。可用下面方法实现：～(～0≪(n－m＋1))。

～0 的全部二进制为全 1，左移(n－m＋1)位，这样右端低(n－m＋1)位为 0。再位取反后低(n－m＋1)位全为 1，其余全为 0。

3. 将上面二者进行 & 运算。即(x ≫ m)& ～(～0≪(n－m＋1))。

根据上一节介绍的方法，与低(n－m＋1)位为 1 的数进行 & 运算，就能将这低(n－m＋1)位保留下来。

本案例程序如下：

```
main()
{       unsigned x,z;
        int y,m,n;
loop0: printf("please input  a unsigned integer number x(1～65535):");
                                            /*提示输入 x 值*/
        scanf("%d",&x);                     /*输入 x 值*/
        if(x<1 || 65535<x)
        {
          printf("x data error! \n");
                                /*判断 x 值大小，如超过给定范围则提示错误*/
```

```
            goto loop0;                    /*返回重新输入x值*/
        }
loop1: printf("please input a integer number y(1~15): ");/*提示输入y值*/
        scanf("%d",&y);                         /*输入y值*/
        if(y<1 || 15<y)
        {
            printf("y data error! \n");
                                  /*判断y值大小,如超过给定范围则提示错误*/
            goto loop1;                    /*返回重新输入x值*/
        }
      printf("x=%u,y=%d\n",x,y);/*输出正确的x、y值*/
      z=x<<(16-y);          /*将x值按位左移(16-y)位并将左移后的值存储在
                                  变量z中*/
      x=x>>y;         /*将x值按位右移y位并将右移后的值重新存储在x中*/
        x=x|z;       /*再将新的x值与y值按位或运算后,将其值存储在x中,*/
        printf("x=%u\n",x);/*输出新的x值*/
loop2: printf("please input a integer number m(0~15): ");/*提示输入m值*/
        scanf("%d",&m);                                /*输入m值*/
        if(m<0 || 15<m)
        {
            printf("m data error! \n");      /*判断m值大小,如超过给定范围则提
                                                  示错误*/
            goto loop2;                    /*输出新的m值*/
        }
loop3: printf("please input a integer number n(m~15): ");/*提示输入n值*/
        scanf("%d",&n);                                /*输入n值*/
        if(n<m || 15<n)
         {
            printf("n data error! \n");        /*判断n值大小,如超过给定范围则
                                                    提示错误*/
            goto loop3;             /*输出新的n值*/
         }
        printf("m=%d,n=%d\n",m,n);        /*输出正确的m、n值*/
        x=(x >> m)& ~(~ 0 <<(n-m+1));        /*对m、n值*/
        printf("x=%u\n",x);
  }
```

运行情况如下：

```
please input  a integer number x(1~65535):12345 ↙
please input a integer number y(1~15):5 ↙
```

```
x=12345,y=5
x=51585

please input a integer number m(0~15):5 ↙
please input a integer number n(m~15):8 ↙
m=5,n=8
x=12
```

运行开始时输入十进制数12345,即二进制数0011000000111001,循环右移5位后得二进制数1100100110000001,即十进制数51585。再输入m为5、n为8的值,即取二进制数1100100 110000001的5－8位(位计数以0位开头),最终得到二进制数1100的值,即十进制数12。

12.4 小　　结

本章位运算需要掌握的知识点有:

1. 按位与运算、按位或运算、位取反运算、位左移运算和位右移运算

2. 按位运算说明

(1) x、y和"位数"等操作数,都只能是整型或字符型数据。除按位取反为单目运算符外,其余均为双目运算符;

(2) 参加运算时,操作数x和y都必须首先转换成二进制形式,然后再执行相应的按位运算。

3. 复合赋值运算符

除按位取反运算外,其余5个位运算符均可与赋值运算符一起,构成复合赋值运算符:&=、|=、∧=、≪=、≫=

4. 不同长度数据间的位运算

(1) 低字节对齐,短数的高字节按最高位补位;

(2) 对无符号数和有符号中的正数,补0;

(3) 有符号数中的负数,补1。

5. 位段

C语言允许在一个结构体中以位为单位来指定其成员所占内存长度,这种以位为单位的成员称为"位段"。利用位段能够用较少的位数存储数据。

位段的运用说明:

(1) 因为位段类型是一种结构类型,所以位段类型和位段变量的定义,以及对位段(即位段类型中的成员)的引用,均与结构类型和结构变量一样;

(2) 对位段赋值时,要注意取置范围。一般地说,长度为n的位段,其取值范围是:0~(2n－1);

(3) 使用长度为0的无名位段,可使其后续位段从下一个字节开始存储。

习　题

一、选择题

1. 若有以下程序段：

```
main()
{ int a=9,b=5;
  a=a|b;
  printf("a= %d\n ",a);
}
```

执行后输出结果是(　　)。

A. a=13　　B. a=12

C. a=9　　D. a=5

2. 若有以下程序段：

```
main()
{ int a=9,b=5;
  a=a&b;
  printf("a= %d\n ",a);
}
```

执行后输出结果是(　　)。

A. a=4　　B. a=1

C. a=9　　D. a=5

3. 若有以下程序段：

```
main()
{ unsigned a=9;
  a=~a;
  printf("a= %u\n ",a);
}
```

执行后输出结果是(　　)。

A. a=-10　　B. a=9

C. a=65526　　D. a=-32758

4. 若有以下程序段：

```
main()
{ int a=9,b=4;
  a=a<<b;
  printf("a= %d\n",a);
}
```

执行后输出结果是(　　)。

A. a=13　　B. a=124

C. a=9　　D. a=144

5. 若有以下程序段：

```
main()
{ int a=9,b=4;
  a=a>>b;
  printf("a= %d\n ",a);
}
```

执行后输出结果是(　　)。

A. a=9　　B. a=4

C. a=13　　D. a=0

二、程序分析题

1. 若有以下程序段：

```
main()
{
    int  n;
    printf("input  n : ");
    scanf(" %d" , &n);
    n&=~037;/ * 八进制数 * /
    printf(" %d\n" , n);
}
```

如果输入的 n=281，则输出结果为________。

2. 若有以下程序段：

```
main()
{
  unsigned  a , b;
  int  n ;
  printf("input a : ");
  scanf(" %u" , &a);
  printf("input n : ");
  scanf(" %d",&n);
  b=a>>(16-n);
  a=a<<n ;
  a=b | a ;
  printf(" %u\n" , a);
}
```

如果输入的 a=290，n=2 则输出结果为________。

三、编程题

1. 编写一个函数 getbits,从一个 16 位的单元中取出 n1—n2 位(即该几位保留原值,其余位为 0)。函数调用形式为 getbits(value,n1,n2)。注:value 为该 16 位(2 个字节)中的数据值,n1 为欲取出的起始位,n2 为欲取出的结束位,n1、n2 是指从数 value 从左面第 1 位算起。

2. 写一个函数,对一个 16 位的二进制数取出它的奇数位(即从左边起第 1、3、5、…、15 位)。

3. 编一个函数用来实现左右循环移位。函数名为 move,调用方法为 move(value,n),其中 value 为要循环位移的数,n 为位移的位数。如 n＜0 表示为左移;n＞0 为右移。如 n=4,表示要右移 4 位;n=−3,为要左移 3 位。

附　录

附录 1　C 语言关键字

附表 1 - 1　由 ANSI 标准推荐的关键字(32 个)

asm	break	case	char	const	continue	default	do
double	else	enum	extern	float	for	goto	if
int	long	register	return	short	signed	sizeof	static
struct	switch	typedef	union	unsigned	void	volatile	while

附表 1 - 2　Turbo C 扩展的关键字(11 个)

auto	cdecl	far	huge	interrupt	near	pascal
_cs	_ds	_es	_ss			
注:所有的关键字都是小写字母。						

附录 2

附表 2-1 ASCII 码表

ASCII 码值	缩写/字符	解 释
0	NUL (null)	空字符(\0)
1	SOH (start of handing)	标题开始
2	STX (start of text)	正文开始
3	ETX (end of text)	正文结束
4	EOT (end of transmission)	传输结束
5	ENQ (enquiry)	请求
6	ACK (acknowledge)	收到通知
7	BEL (bell)	响铃(\a)
8	BS (backspace)	退格(\b)
9	HT (horizontal tab)	水平制表符(\t)
10	LF(NL)(line feed new line)	换行键(\n)
11	VT (vertical tab)	垂直制表符
12	FF(NP)(form feed new page)	换页键(\f)
13	CR (carriage return)	回车键(\r)
14	SO (shift out)	不用切换
15	SI (shift in)	启用切换
16	DLE (data link escape)	数据链路转义
17	DC1 (device control 1)	设备控制 1
18	DC2 (device control 2)	设备控制 2
19	DC3 (device control 3)	设备控制 3
20	DC4 (device control 4)	设备控制 4
21	NAK (negative acknowledge)	拒绝接收
22	SYN (synchronous idle)	同步空闲
23	ETB (end of trans. block)	传输块结束
24	CAN (cancel)	取消
25	EM (end of medium)	介质中断
26	SUB (substitute)	替补
27	ESC (escape)	溢出
28	FS (file separator)	文件分割符

（续表）

ASCII 码值	缩写/字符	解　释
29	GS (group separator)	分组符
30	RS (record separator)	记录分离符
31	US (unit separator)	单元分隔符
32	SP(space)	空格

ASCII 码值	缩写/字符	ASCII 码值	缩写/字符
33	!	61	=
34	"	62	>
35	#	63	?
36	$	64	@
37	%	65	A
38	&	66	B
39	'	67	C
40	(	68	D
41	)	69	E
42	*	70	F
43	+	71	G
44		72	H
45	-	73	I
46	.	74	J
47	/	75	K
48	0	76	L
49	1	77	M
50	2	78	N
51	3	79	O
52	4	80	P
53	5	81	Q
54	6	82	R
55	7	83	S
56	8	84	T
57	9	85	U
58	:	86	V
59	;	87	W
60	<	88	X

（续表）

<table>
<tr><th>ASCII码值</th><th>缩写/字符</th><th>ASCII码值</th><th>缩写/字符</th></tr>
<tr><td>89</td><td>Y</td><td>109</td><td>m</td></tr>
<tr><td>90</td><td>Z</td><td>110</td><td>n</td></tr>
<tr><td>91</td><td>[</td><td>111</td><td>o</td></tr>
<tr><td>92</td><td>\</td><td>112</td><td>p</td></tr>
<tr><td>93</td><td>]</td><td>113</td><td>q</td></tr>
<tr><td>94</td><td>^</td><td>114</td><td>r</td></tr>
<tr><td>95</td><td>_</td><td>115</td><td>s</td></tr>
<tr><td>96</td><td>`</td><td>116</td><td>t</td></tr>
<tr><td>97</td><td>a</td><td>117</td><td>u</td></tr>
<tr><td>98</td><td>b</td><td>118</td><td>v</td></tr>
<tr><td>99</td><td>c</td><td>119</td><td>w</td></tr>
<tr><td>100</td><td>d</td><td>120</td><td>x</td></tr>
<tr><td>101</td><td>e</td><td>121</td><td>y</td></tr>
<tr><td>102</td><td>f</td><td>122</td><td>z</td></tr>
<tr><td>103</td><td>g</td><td>123</td><td>{</td></tr>
<tr><td>104</td><td>h</td><td>124</td><td>|</td></tr>
<tr><td>105</td><td>i</td><td>125</td><td>}</td></tr>
<tr><td>106</td><td>j</td><td>126</td><td>~</td></tr>
<tr><td>107</td><td>k</td><td>127</td><td>DEL（delete）</td></tr>
<tr><td>108</td><td>l</td><td></td><td></td></tr>
</table>

参考文献

［1］王锐. C 语言程序设计[M]. 北京：人民邮电出版社，2000.

［2］陈孟建. C 语言程序设计[M]. 北京：电子工业出版社，2002.

［3］(美)Herbert Schildt Greg guntle[M]. 周海斌，王安鹏等译. C++ Builder 技术大全. 机械工业出版社，2007.

［4］何光明. C 语言程序设计与应用开发[M]. 北京：清华大学出版社，2006.

［5］谭浩强. C 语言程序设计(第二版)[M]. 北京：清华大学出版社，2008.

［6］Jeri R. Hanly，Elliot B. Koffman[M]. 问题求解与程序设计(C 语言版). 北京：清华大学出版社，2007.